轻素食

萨巴蒂娜◎主编

中国轻工业出版社

生活过得好，不妨多吃素

其实我是个食肉动物，但是不代表我不爱吃素食。蔬菜我每天都吃，至少一斤。

我的阳台常年种了几盆我经常吃的蔬菜，比如生菜、油菜、小番茄、香菜、小葱、小辣椒，还有空心菜。又好种，又好吃。生菜每周都可以收割两拨，有时候我站在阳台，直接把生菜叶子揪下来吃，恐怕再也没有比这更新鲜的蔬菜吃法了吧？

最爱吃花椒油炒大白菜，放2根红辣椒或者不放，清甜可口。尤其是秋天刚下来的大白菜，带着泥土和阳光的香气，怎么做都好吃。

最爱吃蒜泥蒸茄子，用筷子撕着吃，配一个馒头，满口浓香，身心舒坦。

夏天把番茄切碎了，放入冰箱冰凉，几小时后取出来撒点白糖，尤其是那汤汁，绝了，赛过西瓜的冰爽，而且对身体很好。

蔬菜是肉类最好的伴侣，所以如果我吃肉菜，一定要炒一盘青菜陪伴。

素食如果制作得当，热量相对比较低，对摄入经常过剩的现代国人来说，不妨多吃点素。

素食制作起来，简单又快捷，厨房不油腻，非常适合厨房新人还有喜欢简单烹饪的人。

这本书里，有各种营养健康的美味素食，制作都是超简单的，希望你爱上素食，爱上烹饪。

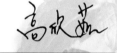

萨巴蒂娜
个人公众订阅号

萨巴小传：本名高欣茹。萨巴蒂娜是当时出道写美食书时用的笔名。曾主编过五十多本畅销美食图书，出版过小说《厨子的故事》，美食散文集《美味关系》。现任"萨巴厨房"主编。

敬请关注萨巴新浪微博 www.weibo.com/sabadina

目 录
CONTENTS

计量单位对照表

1 茶匙固体材料 =5 克　　　　1 茶匙液体材料 =5 毫升

1 汤匙固体材料 =15 克　　　　1 汤匙液体材料 =15 毫升

CHAPTER
1
我的素食
主打菜

CHAPTER
2
吃蔬食的
幸福

CHAPTER
3
万能的鸡蛋料理

为了确保菜谱的可操作性，
本书的每一道菜都经过我们试做、试吃，并且是现场烹饪后直接拍摄的。
本书每道食谱都有步骤图、烹饪秘籍、烹饪难度和烹饪时间的指引，确保你照着图书一步步操作便可以做出好吃的菜肴。但是具体用量和火候的把握也需要你经验的累积。
书中部分菜品图片含有装饰物，不作为必要食材元素出现在菜谱文字中，读者可根据自己的喜好增减。

初步了解全书

看着名字
就流口水

过瘾解馋
黑椒菌菇饭

热量高低一目了然，
让你吃得心中有数

热量值参考：

☒ 烹饪时间：20分钟

🍲 难易程度：中

时间、难易度
清楚明了

想带便当？我们
为你选了最合适
的那些

🍱 适合做便当

需要用到的食
材——列出，要
打有准备的仗

主料
口蘑6朵 | 杏鲍菇1根 | 香菇
洋葱1/2个 | 西蓝花30克 | 米

配料
黑胡椒酱2茶匙 | 蚝油1茶匙
盐适量 | 食用油适量

食用油适量

营养贴士一目了
然，有什么比健
康更重要吗

营养贴士
西蓝花中的维生素含量很高，不仅
有利于生长发育，也能提高人体的
疫力。

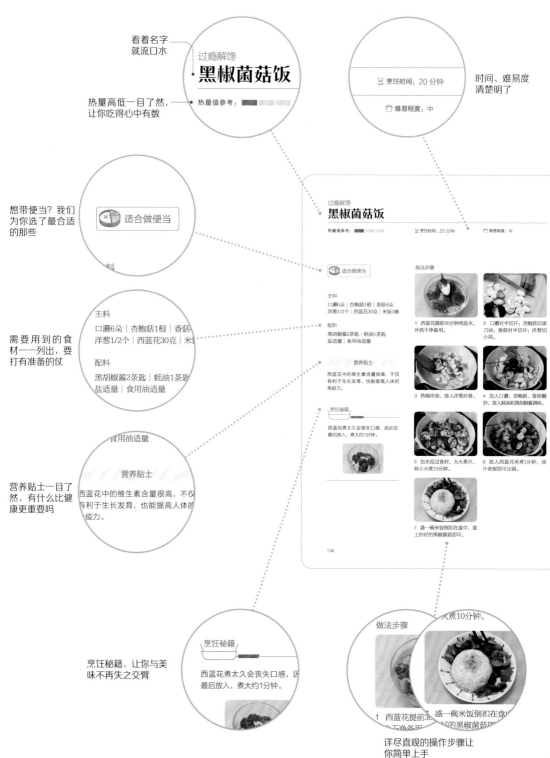

过瘾解馋
黑椒菌菇饭

热量值参考：　　　　　☒ 烹饪时间：20分钟　　　🍲 难易程度：中

🍱 适合做便当

主料
口蘑6朵 | 杏鲍菇1根 | 香菇4朵
洋葱1/2个 | 西蓝花30克 | 米饭1碗

配料
黑胡椒酱2茶匙 | 蚝油1茶匙
盐适量 | 食用油适量

营养贴士
西蓝花中的维生素含量很高，不仅
有利于生长发育，也能提高人体的
免疫力。

烹饪秘籍
西蓝花煮太久会丧失口感，因此在
最后放入，煮大约1分钟。

做法步骤

1 西蓝花提前30分钟泡盐水，
冲洗干净备用。

2 口蘑对半切开；杏鲍菇切滚
刀块；香菇对半切开；洋葱切
小块。

3 热锅冷油，放入洋葱炒香。

4 加入口蘑、杏鲍菇、香菇翻
炒，放入蚝油和黑胡椒酱调味。

5 加水没过食材，大火煮开，
转小火煮10分钟。

6 放入西蓝花再煮1分钟，汤
汁浓郁即可出锅。

7 盛一碗米饭倒扣在盘中，盖
上炒好的黑椒菌菇即可。

136

烹饪秘籍，让你与美
味不再失之交臂

烹饪秘籍
西蓝花煮太久会丧失口感，因
最后放入，煮大约1分钟。

详尽直观的操作步骤让
你简单上手

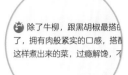

除了牛柳，跟黑胡椒最搭的
了，拥有肉般紧实的口感，搭配
这样煮出来的菜，过瘾解馋，不

品尝菜肴也是
有情怀的

除了牛柳，跟黑胡椒最搭的，我想一定是菌菇
了，拥有肉般紧实的口感，搭配浓郁的黑胡椒酱，
这样煮出来的菜，过瘾解馋，不输肉食！

137

这本书因何而生

这本轻素食，是对于喜欢吃素食的人们的小小关爱。它不仅符合当今人们对饮食健康的追求，也是健康轻食的素食篇章。让你在瘦身的同时，也减轻了胃肠的负担，更能促进新陈代谢。轻身、健康、快乐，这才是你该有的生活。

这本书里都有什么

我们按照菜品的风格以及出现的场景划分了本书的章节：

素食主打菜——看了就知道，轻素食餐桌"C位"非它们莫属

吃素食的幸福——素食一样可以解馋，让你充分享受食物带来的满足感

万能的鸡蛋料理——没错，鸡蛋就是那个神仙食材，为不想吃肉的你补充蛋白质

主食我食素——专门为当家主食开辟的舞台，饱腹又减脂

打开素食点心盒——吃素也别那么"佛系"，品味一份小点心，体会生活中的小确幸

别翻页，还有——

这本书菜品中，我们选了一些可以作为便当的，找到这个图标就是了：

这本书我们准备了丰富的食材大展，从颜色的秘密、时令食材的选择，到你最容易买到的常见素食食材，我们都为你一一揭秘。

❦ 我食素我健康 ❦

营养素食食材必备

1. 谷物类

燕麦

市面上，我们可以看到各种形式的燕麦，如燕麦片、燕麦粉和燕麦饮料等。燕麦中富含蛋白质、膳食纤维，能帮助人体保持能量平衡、降低胆固醇。纯燕麦中会带有一丝甘甜，非常适合减脂期、追求健康饮食的人们食用。无论是制作燕麦小饼、还是香浓的燕麦粥，都非常美味。

小麦

小麦是人类最早种植的农作物之一，分为硬质小麦和软质小麦。硬质小麦中富含面筋和蛋白质，而软质小麦中几乎不含任何纤维。小麦是我国北方人民的主食，深受人们喜爱。其中所含有的B族维生素和矿物质对人体健康十分有益。

小米

小米中不含谷蛋白，即使是麸质过敏的人也可以放心食用。小米中蛋白质含量丰富，有多种对人体有益的成分，如膳食纤维、维生素A和矿物质。其中含有的硅酸对头发和指甲的生长十分有利，是一种有利于健康美容的优质食材。

糙米

与白米不同，糙米中富含膳食纤维、维生素和矿物质，很适合肠胃不适、乏力的人们食用。糙米可以搭配任意菜肴食用，无论是做成糙米饭或者加入蔬菜汤中，只需要适量延长煮制时间，糙米也会变得丝滑、口感好。

2. 豆制品

豆腐

豆腐好吃又便宜，能将任何调味料或味道吸收进去，形成一道道美味的料理。豆腐热量低，饱腹感却很强，与牛奶相比，豆腐更适合乳糖不耐受的人群，还能为身体补充钙质。

毛豆

毛豆是最易被人体消化的豆类之一，蛋白质含量很高，非常适合素食的人们食用。毛豆中含有70%的水分以及多种矿物质和维生素，有改善代谢、降低甘油三酯和胆固醇的食疗效果。

豆干

在素食饮食中，人们力求好吃又营养，那么豆干就是素食界不可或缺的一种食物。作为豆腐的衍生物，豆干保留了豆腐大部分的营养，同时又有浓郁鲜香的味道。搭配蔬菜炒制，会令整体味道更上一层楼。

素肉

谈到素食，必须给素肉留出一席之地。素肉是一种具有肉的味道和口感的豆制品，能为人体提供优质的蛋白质。素肉保留了豆类的基本特征和营养，是素食饮食中的优质食材。无论是直接作为零食食用或者搭配蔬菜炒制，都十分美味。

3. 蔬菜

—— 西蓝花 ——

西蓝花是减脂期理想的食物选择，每100克西蓝花中仅含有33千卡的热量，其中水分含量超过90%。西蓝花中含有丰富的维生素和膳食纤维，制作蔬菜沙拉、轻度炒制或者煮汤，口感都很好。

—— 油菜等绿叶菜 ——

油菜属于十字花科植物，其中含有的硫氰酸盐具有抗癌特质。一般绿叶蔬菜热量偏低，水分含量和维生素含量都很高，有助于降低胆固醇。可以炒制食用或者做汤。

—— 胡萝卜 ——

胡萝卜是一种一年四季都可以吃到的食物，也是一种对我们身体十分有好处的食材，其中含有的胡萝卜素，摄入人体后会转化成维生素A，能促进身体的新陈代谢、保护胃肠道黏膜，有助于利尿通便。

—— 菌菇 ——

季节不同，我们能看到的蘑菇种类也不同。比如春夏生长的平菇，热量低还含有人体必需的氨基酸，在素食饮食中很受欢迎。新鲜的蘑菇买回来要尽快食用，放久了会影响口感、营养也会流失。

4. 水果

橙子

冬季的橙子最好吃，富含维生素和叶酸，其中的钙和钾能促进细胞活动。除此之外，橙子的热量很低，每100克橙子只有47千卡的热量。新鲜的橙子直接切片、切块或者榨汁都是很好的食用方式。

柠檬

柠檬是水果、更是调味品，柠檬具有对人体健康十分有益的特质：抗炎杀菌，清理肠道。柠檬中含有大量维生素C，有助于胶原蛋白的形成，能滋润肌肤、恢复肌肤亮度。夏季，饮用新鲜柠檬榨的汁不仅解渴，还能缓解消化不良。

香蕉

香蕉不仅美味，还具有很高的营养价值。香蕉中含有膳食纤维、维生素和多种矿物质。香蕉富含钾元素，能调节人体电解质平衡，迅速补充体力，非常适合从事体力劳动和高强度脑力工作的人们食用。

蓝莓

近几年，蓝莓、树莓等莓果深受人们的喜爱，在水果摊或者超市都能见到它们的身影。蓝莓中含有水果中少见的花青素。花青素是一种可以延缓衰老的物质，对防止视力减退、增强记忆力都十分有效。

蔬果的颜色之谜

1. 红色蔬果

红色蔬果中的代表性植物化学物质就是番茄红素。番茄红素是一种天然色素，也是自然界中发现的强效抗氧化剂之一。经研究，番茄红素能清除体内自由基，延缓衰老。

代表蔬果：

番茄

番茄是一种对肠胃十分友好的蔬果，所含的酸性物质可以刺激胃液分泌，从而帮助消化，其含有的膳食纤维还有润肠通便的作用。但注意在烹饪番茄时，不宜长时间高温加热，以免破坏番茄红素。

西瓜

西瓜味甜多汁，清热解渴，是炎炎夏日里人们最喜欢吃的水果之一。西瓜中含有大量葡萄糖、氨基酸、番茄红素和维生素。在选购西瓜时有一个小秘诀，用手指弹一弹，成熟的西瓜会发出"嘭嘭"声，未成熟的西瓜则会发出"当当"声。

葡萄柚

葡萄柚也叫西柚，原产于中美洲。葡萄柚果肉多汁、酸甜爽口。值得一提的是，葡萄柚是少见的含糖较少、维生素C含量很高的水果，能参与人体胶原蛋白的形成，令肌肤保持弹性，延缓衰老。

2. 绿色蔬果

绿色蔬果中的代表性植物化学物质是叶绿素。对于植物来说，叶绿素的重要程度就好比血液对于人体。摄入叶绿素可以增加人体血红细胞的携氧量，提升机体的能量水平，还能促进消化系统的健康。

代表蔬果：

圆白菜

圆白菜也叫卷心菜、包菜，味道甘甜，具有防氧化、抗衰老的效果，其中富含的叶酸能提高人体的免疫力。

在购买时可以用手掂一下重量，分量越重，所含的水分越多，口感越柔嫩。从外观看，尽量选择紧实的、根部颜色深、头部颜色偏白的为佳。

菠菜

菠菜是有名的"护眼菜"，这是因为菠菜中含有一种叫作胡萝卜素的物质，它可以抵御太阳光对视网膜的损害。据统计，每周吃2~4次菠菜，能有效降低视网膜退化的风险。菠菜中含有的铁、磷也都对眼睛有保护作用。

芦笋

芦笋中所含的氨基酸和维生素都高于一般的水果和蔬菜，在西方，芦笋被称为"十大名菜之一"。芦笋口感鲜嫩、芳香十足，深受人们的喜爱。国际癌症病友协会研究得出，芦笋有防癌抗癌的食疗功效。

3. 黄色

黄色蔬果中的代表性植物化学物质是类胡萝卜素。类胡萝卜素能使蔬果拥有饱满的黄色、橘色和红色。此类蔬果能帮助维持眼睛和皮肤的健康，保护身体免受自由基的伤害。

代表蔬果：

玉米

玉米中含有的维生素是小麦的10倍之多，对人体十分有益。

在挑选玉米的时候，要选顶部须多，且玉米须呈棕色的玉米。水煮玉米能充分发挥玉米的香甜，但要注意水煮的时候要连皮一起煮，才能更好地锁住玉米的清甜味道。

彩椒（黄） 彩椒是甜椒中的一种，因为颜色丰富而得名。彩椒中含有丰富的维生素和膳食纤维，能促进脂肪的新陈代新，防止体内脂肪堆积。经常食用彩椒还能强化指甲、滋润发根，对人体十分有益。

杏 杏味甘甜，含有多种对人体有益的营养元素，如钙、磷、铁等。此外，杏中富含胡萝卜素，是苹果的22倍之多。但要注意，杏温热，容易上火的朋友要少吃。

4. 白色

白色蔬果中的代表性植物化学物质是大蒜素，而大蒜素最主要的特点就是抗菌消炎。大蒜素对人体的消化系统、心脑血管、人体免疫机能等都有一定的作用。

大蒜 食用大蒜，能帮助我们清除肠胃里的有毒物质，刺激胃黏膜，促进食欲。此外，大蒜中的微量元素硒，能减轻肝脏负担，保护肝脏。大蒜分为紫皮蒜和白皮蒜，紫皮蒜多见于北方，辣味浓郁。白皮蒜南方比较常见，蒜的辣味较淡。

代表蔬果：

大葱 大葱作为调味品，在我们的日常生活中扮演着重要的角色。大葱味道辛辣，其中含有的大蒜素和辣素有发汗、促进血液循环的作用。风寒感冒导致的头痛鼻塞患者，吃大葱可以缓解症状。

洋葱 洋葱中含有的槲皮质类物质被人体吸收后，能促进多余的水分排出，因此具有消肿的作用。此外，洋葱中含有的大蒜素能提振精神，让大脑保持清醒，缓解疲劳。

5. 黑色

黑色蔬果中的代表性植物化学物质是原花青素，在欧洲，原花青素用于改善血液循环、减轻水肿等临床治疗已经几十年。

代表蔬果：

木耳

黑加仑

现代营养学家赞誉木耳是"素中之荤"，木耳中含有多种对人体有益的营养元素，其中含有的胶质，可以把残留在消化系统的杂质排出体外，起到洗涤肠胃的功效。常吃木耳，还能改善及预防缺铁性贫血。

黑加仑又名黑醋栗，这是一种营养价值很高的黑色水果。无论是生吃或者做蛋糕、面包都非常合适。黑加仑具有抗氧化的功效，常吃对皮肤很有好处。

黑芝麻

一提到黑芝麻,大家肯定就会想到生发、黑发。其实除此之外,黑芝麻的作用还有很多,比如黑芝麻中含有的维生素E能加快代谢,铁能活化脑细胞,还有不饱和脂肪酸有延年益寿的作用。素食者和脑力工作者应该多多补充黑芝麻!

为应季食材买单

1. 春季

豆芽

在从黄豆发成豆芽的过程中,维生素含量会随之增加,这些营养元素都很容易被人体吸收。

应选择长度5厘米左右的豆芽,光泽无异味的为佳。

当折断豆芽后,没有多余水分的大多为自然培育的。

韭菜

韭菜一年四季都有,春季的味道最佳。韭菜中含有大量的膳食纤维,能促进肠胃蠕动。还含有硫化物,能起到杀菌、抗炎的作用。

在选购韭菜时要选择叶子窄的,这样的韭菜味道比较浓郁。

西芹

春季是食用西芹的最好季节,此时的西芹纤维柔软、口感爽脆。西芹表面会分布一些比较硬的"筋",在烹饪之前要从上而下剥掉这些筋,再用热水烫一下,这样处理过的西芹才会拥有爽脆的口感。

2. 夏季

苦瓜

很多人食用苦瓜是看中了它特有的苦。苦瓜味苦性寒,有清热解毒、消暑去火的作用。挑选苦瓜时,看苦瓜表层的苦瘤,苦瘤大且饱满,说明果肉厚实。

黄瓜

黄瓜中的水含量高达95%,膳食纤维含量也很丰富,能促进人体新陈代新,将多余的废物排出体外。

在选购黄瓜时要注意,新鲜的黄瓜表皮纹路清晰,刺小而密,外形细长且均匀。

牛油果

牛油果有"森林黄油"的美称,它拥有浓郁的口感,切开直接食用就足够美味。虽然现在一年四季都可以吃到牛油果,但夏季的口感最佳。在挑选牛油果时要选择形状饱满、左右对称的,果皮的颜色越深,说明果肉越成熟。

3. 秋季

南瓜

南瓜是秋季不可或缺的一种食材，南瓜中的果胶能减缓肠道对单糖类物质的吸收，有效降低血糖。

在选购南瓜时，可以轻轻拍打南瓜，若声音发闷，说明该南瓜内部结构紧实，口感较好。

红薯

红薯有着强大的生命力，即使土壤不肥沃，也能顽强生长。红薯中富含淀粉，饱腹感很强，深受减脂人群的喜爱。

在选购红薯时，要选择外皮色泽鲜艳的，手感沉甸甸的为佳。如果顶部渗出蜜汁，说明此时的红薯已经熟透。

秋葵

秋葵具有其他蔬菜没有的口感，其中的黏液有助于增强人体抵抗力，蛋白质、钙等营养元素含量很高，但热量却很低，是一款理想的减脂期食材。

在选购秋葵时，要尽量选择表面平整的，可以用手稍微按压一下，有一定柔韧度的秋葵为佳。

4. 冬季

白菜

冬季的白菜便宜又好吃。白菜中的维生素和微量元素含量很高，能促进身体排毒。

新鲜优质的白菜叶子嫩绿，一般重量越重的白菜，口感越甘甜。

大葱

烹饪中不可或缺的大葱，一年四季都能买到。但冬季的大葱经历过严寒的考验，积蓄了更多的糖分，独有一份清甜。

选购大葱时要尽量选择葱叶部分厚实，葱白部分紧实、水分充足的。

土豆

土豆中含有优质蛋白质，也兼具蔬菜和主食的营养，其中含有的矿物质与维生素有延缓肌肤老化的功效。

在选购土豆时应注意，要避免选长芽、外皮变绿的土豆。

CHAPTER

1

我的素食
主打菜

这款家常大拌菜，很适合肠胃疲劳的人们食用。平日里吃惯了油腻的外卖，周末在家不妨清清肠胃。来一份爽口又营养的中式大拌菜吧。

犒劳疲劳的肠胃
中式大拌菜

热量值参考：▇▇▇▇
⌛ 烹饪时间：10 分钟
🍲 难易程度：低

主料

球生菜4片｜苦菊2根｜紫甘蓝2片
黄瓜半根｜小番茄6个｜炸花生米适量

配料

白糖1茶匙｜生抽2茶匙｜陈醋1茶匙
香油适量｜花椒油适量

营养贴士

大拌菜的食材可以任意搭配，青椒、豆苗等都可以加入，这样一份大拌菜，能充分满足人体需要的维生素和矿物质。

做法步骤

1 球生菜洗净，撕成小块；苦菊去蒂，切段；紫甘蓝洗净，掰开，切成细丝。

2 黄瓜洗净，切薄片；小番茄洗净，对半切开。

3 将所有蔬菜及花生米混合在一起。

4 将白糖、生抽、陈醋、香油和花椒油放入碗中，搅拌均匀调成料汁。

5 调好的料汁淋在蔬菜上，搅拌均匀即可。

烹饪秘籍

这道菜的调味白糖是关键，能充分激发食材的鲜美。注意，在调汁时要充分搅拌，让糖完全化开。

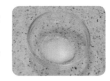

减脂期必备

低卡西蓝花

热量值参考：▓▓▓

⌛ 烹饪时间：10 分钟

🍲 难易程度：低

主料

西蓝花500克｜果干适量｜核桃仁6颗
榛子仁4颗｜腰果仁4颗

配料

海盐适量｜黑胡椒碎适量

营养贴士

坚果不仅营养价值高，饱腹感也很强。研究表明，每周食用两次以上坚果，能有效降低患心脏病的风险。

这道只有60千卡的料理，听着就很心动吧？经常被大鱼大肉填充的肠胃，也该调节休息一下了！

烹饪秘籍

要根据西蓝花的大小来增减蒸制的时间，注意不要蒸太久，否则太软会影响西蓝花的口感。

做法步骤

1 西蓝花掰成小朵，放入盐水中浸泡30分钟，洗净。

2 蒸锅中烧开水，放入西蓝花蒸5分钟。

3 西蓝花倒入碗中，加入果干和坚果。

4 撒上黑胡椒碎和海盐，搅拌均匀即可。

清爽好滋味
凉拌莴笋丝

热量值参考：▇▇▇ 　　　⏳ 烹饪时间：10 分钟 　　　🍲 难易程度：低

主料

莴笋2根｜大蒜2瓣

配料

生抽2茶匙｜花椒油1茶匙
盐1/4茶匙（凉拌用）
盐适量（腌制用）｜香油适量
白芝麻适量

营养贴士

莴笋中含有大量膳食纤维，能促进
肠蠕动，有利于消化，是一种很适
合减脂期食用的食物。

烹饪秘籍

炒制后的莴笋营养成分也会随之减
少。这道菜采用凉拌的方法，降低
了营养成分的流失。

做法步骤

1　莴笋削皮、洗净，切成细丝。

2　加适量的盐腌制20分钟。

3　大蒜捣碎成蒜泥。

4　腌制好的莴笋用清水洗净，
　　挤干水分。

5　莴笋丝放入碗中，加入蒜末、
　　盐、生抽、花椒油和香油，搅
　　拌均匀。

6　撒上一些白芝麻即可。

作为凉拌小菜，虽然凉拌莴笋丝的人气拼不过拍黄瓜和蒜泥茄子，但味道和口感却毫不逊色。有了花椒油的加入，原本就爽脆的莴笋更增添了新的风味。

黑椒土豆泥

热量值参考：▮▮▮▮ ⌧ 烹饪时间：10分钟 ⌂ 难易程度：低

 适合做便当

主料

土豆（适中）2个

配料

黄油30克｜黑胡椒粉2茶匙
蚝油2茶匙｜淀粉1茶匙

营养贴士

有营养专家指出，土豆是最接近全价的一种食物，基本涵盖了大部分人体所需的营养元素。

烹饪秘籍

除了放入锅里蒸，还可以将土豆切片，盖上保鲜膜，放入微波炉里高火转5分钟，效果一样。

做法步骤

1 土豆削皮，洗净，切成片。

2 蒸锅烧开水，放入土豆片，蒸15分钟至熟。

3 将蒸好的土豆压成泥。

4 趁热放入20克黄油搅拌均匀。

5 取一个小碗，铺上一层保鲜膜，放上土豆泥按压好。

6 倒扣到盘子上，就是圆形的土豆泥。

7 锅中烧热，放入10克黄油，加入蚝油、黑胡椒粉、淀粉，还有适量清水，搅拌均匀成酱汁。

8 待酱汁浓稠即可关火，浇在土豆泥上即可。

带有浓郁黑胡椒味道的细腻土豆泥，在家也能还原了呢。做法远比想象的要容易，快手又饱腹的小食，快来试试吧。

不用开火的美味
时蔬米纸卷

热量值参考：░░░░ ░░░░ ░░░░　　　⏳ 烹饪时间：10分钟　　　🍲 难易程度：低

 适合做便当

主料

越南春卷（米纸）4张｜紫苏叶4片
胡萝卜40克｜黄瓜40克｜豆芽40克

配料

酱油2茶匙｜白糖1/2茶匙
花椒油1茶匙｜韩式辣酱1茶匙

营养贴士

越南米纸卷无论搭配什么食材，入口都是清香的味道，低卡低脂又营养丰富。

烹饪秘籍

浸泡米纸的水最好用温水，若用凉水则要增加浸泡的时间。

做法步骤

1 胡萝卜去皮，切细丝；黄瓜洗净，切细丝；豆芽洗净，控干水分。

2 取一个深口的盘子，倒入温水，将越南春卷皮快速放入。

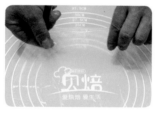

3 待其变软后平铺在砧板上。

4 放上紫苏叶、胡萝卜丝、黄瓜丝和豆芽，卷起。

5 将酱油、白糖、韩式辣酱和花椒油倒入碗中，搅拌均匀成酱汁。

6 吃的时候，蘸酱汁即可。

万能的越南春卷来啦！热量不高口感又很好，里面可以任意切换你喜欢的蔬菜，说它是万能的小卷一点都不过分！

鲜掉眉毛

菌菇汤

热量值参考：▓▓▓▓▓▓　　⧖ 烹饪时间：10 分钟　　🍲 难易程度：低

主料

嫩豆腐1盒 ｜ 海鲜菇30克 ｜ 鸡蛋1个

配料

大蒜1瓣 ｜ 小葱2根 ｜ 盐1茶匙
香油适量 ｜ 蚝油1茶匙

营养贴士

豆腐除了能增加营养、助消化外，
对牙齿和骨骼的发育也很有帮助
呢。因此小朋友们要多吃豆腐哦！

烹饪秘籍

用香油来代替普通食用油，炒香蒜
片和海鲜菇，会让整道汤品的味道
更加鲜美浓郁。

做法步骤

1　嫩豆腐切块；海鲜菇洗净，
去蒂、切段；大蒜切片；小葱
切葱花。

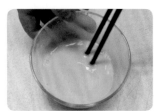

2　鸡蛋打散至碗中，搅拌均匀。

3　锅烧热，倒入香油，放入大
蒜炒香。

4　加入海鲜菇炒出水，加入适
量清水，大火煮开。

5　放入嫩豆腐，转小火煮5分钟。

6　加入盐、蚝油调味，再次转
大火。

7　倒入蛋液，快速划开，关火。

8　撒上葱花即可出锅。

一年四季都离不开的就是汤啦，无论是夏季的开胃汤，还是冬季的暖胃汤，总是不可缺少的。这道低脂鲜美的汤，一定不要错过它。暖心暖胃，好喝不胖哟！

配米饭更美味

蚝油烩菌菇

热量值参考：▇▇▇▇▇▇▇▇   ⊠ 烹饪时间：10分钟   ⌂ 难易程度：低

 适合做便当

主料

鲜香菇8朵｜口蘑6朵｜杏鲍菇1根
油菜8根｜大蒜3瓣

配料

蚝油1茶匙｜酱油1汤匙
白糖1茶匙｜食用油适量

营养贴士

油菜是一种"低脂肪绿叶蔬菜"，油菜中还富含钙，不仅能满足人体所需，还有助于增强机体免疫力。

烹饪秘籍

为了保证油菜爽脆又顺滑的口感，焯水时间保证在30秒至1分钟为好。焯好水的油菜可以过两遍凉水，颜色会更加翠绿。

做法步骤

1 香菇洗净，去蒂，对半切开；口蘑洗净，对半切开；杏鲍菇洗净，切滚刀块。

2 油菜洗净、去根；大蒜剥皮，捣成蒜末。

3 将蚝油、酱油、白糖和适量清水放入碗中调成料汁。

4 锅中烧开水，放入油菜焯30秒，捞出，铺在盘底。

5 炒锅烧热，倒油，转小火，放入蒜末炒香。

6 放入香菇、口蘑和杏鲍菇翻炒均匀。

7 待蘑菇炒出汁水，倒入准备好的料汁，再煮3分钟。

8 煮好的菌菇倒在油菜上即可。

🍅 对于喜欢吃菌菇的朋友们，这道菜充分满足了味蕾的需求。三种不同的菌菇，加上蚝油这个调鲜小能手，光想想就知道味道不会差！

一口一个，停不下来

香菇蒸鹌鹑蛋

热量值参考：▨▨▨ | ⌛ 烹饪时间：20 分钟 | 🍲 难易程度：低

 适合做便当

主料

香菇8朵 | 鹌鹑蛋8个

配料

盐1/4茶匙 | 白糖1/2茶匙
蚝油1茶匙 | 淀粉2茶匙 | 小葱适量

营养贴士

香菇是世界第二大菌菇，也被誉为"菇中皇后"，富含多种氨基酸和矿物质，美味又营养，深受人们喜爱。

烹饪秘籍

想要得到顺滑浓郁的酱汁，在前期搅拌酱汁时要先用凉水搅拌均匀，再倒入锅中，转小火慢慢熬煮，否则很容易出现结块的现象。

做法步骤

1 香菇洗净、去蒂。

2 鹌鹑蛋敲开，倒在香菇上，放入盘子中。

3 蒸锅烧开水，放入香菇鹌鹑蛋，转小火蒸15分钟。

4 将盐、白糖、蚝油、淀粉和适量清水调成酱汁。

5 锅烧热，倒入酱汁，煮开，搅拌至浓稠。

6 将熬好的酱汁淋在蒸好的鹌鹑蛋上。

7 小葱洗净，切末，撒在香菇上即可。

香菇拥有"素食的外表，肉类的口感"。菌菇类食材独有的爽滑感，加上香菇浓郁的鲜味，想做得不好吃都很难呢！

地地道道的家常味

农家蒸豆腐

热量值参考：   　　🕐 烹饪时间：10 分钟　　🍲 难易程度：低

 适合做便当

主料

豆腐1块｜小葱2根｜大蒜2瓣
花椒适量

配料

生抽1茶匙｜蚝油1茶匙
香油1茶匙｜食用油适量

营养贴士

豆腐中含有大量的氨基酸和钙，与
牛奶相比，豆腐作为补钙食品，不
用担心乳糖不耐受，可以放心食用。

烹饪秘籍

若喜欢吃辣，可以在最后一步加入
干辣椒跟花椒一起炸制，要注意炸
的时候全程保持小火。

做法步骤

1　豆腐切成1厘米厚的小块，
均匀摆在盘子中。

2　小葱洗净、切末；大蒜剥皮、
切末。

3　蒸锅放冷水，放入豆腐，大
火烧开后再蒸8分钟。

4　生抽、蚝油、香油放入碗中
搅拌均匀。

5　蒸好的豆腐取出，倒掉盘子
中多余的水。

6　淋上调好的酱汁，放上葱花
和蒜末。

7　另起一锅倒入油，加入花
椒，油热了淋在葱花和蒜末上
即可。

有些食材本身就足够美味，不需要烦琐的工序和复杂的调味。简单加工融合，就能释放出其特有的味道，豆腐就是这样神奇的存在。

鱼香日本豆腐

热量值参考：■■■   ⊠ 烹饪时间：10 分钟   ⊟ 难易程度：低

 适合做便当

主料

日本豆腐3条 | 小葱2根

配料

淀粉4茶匙 | 郫县豆瓣酱2茶匙
生抽1汤匙 | 陈醋1茶匙
白糖1茶匙 | 食用油适量

营养贴士

日本豆腐味道甜香、口感顺滑，饱腹感又很强，是一款四季都适宜食用的美食。

烹饪秘籍

由于郫县豆瓣酱本身有咸味，因此这道菜不需要额外加盐。在炒的时候要保证小火，先炒出红油，再进行后续步骤。

做法步骤

1 日本豆腐切成2厘米厚块。

2 小葱洗净，切成葱花。

3 日本豆腐均匀裹上一层淀粉。

4 炒锅烧热放油，放入日本豆腐煎至双面金黄、皮酥脆，盛出备用。

5 锅重新烧热，放入郫县豆瓣酱炒出红油，加入生抽、陈醋、白糖和适量水煮开。

6 转小火煮5分钟，煮成浓郁的鱼香酱汁。

7 放入日本豆腐，翻炒均匀，盖上锅盖焖1分钟。

8 出锅前撒上葱花即可。

虽然鱼香肉丝是一道人气很高的菜，但其实很多人爱的是"鱼香"的味道。所以不妨换种思路，用煎得外酥里嫩的日本豆腐配上浓郁的鱼香酱汁，你猜会如何？

吃得到的软糯
葱油芋艿

热量值参考：▇▇   ⧗ 烹饪时间：10 分钟   🍲 难易程度：低

 适合做便当

主料

芋艿8个｜小葱6根

配料

盐1茶匙｜鸡汤高汤适量｜油适量

营养贴士

芋艿富含膳食纤维和多种矿物质。常吃芋艿能调节肠胃，防止胃酸过多。

烹饪秘籍

若没有鸡汤、骨汤高汤，可以采用超市可以买到的调味鸡汁、浓汤宝等代替。

做法步骤

1 芋艿削皮，切成滚刀块。

2 小葱洗净，切葱花。

3 锅烧热倒油，放入芋艿翻炒。

4 加入与芋艿持平的鸡汤高汤烧开，加入盐调味，盖上锅盖，转小火焖煮。

5 待芋艿软糯，转大火收干汤汁。

6 撒上葱花，搅拌均匀即可出锅。

这是一道江南地区的家常菜，用简单的烹饪手法调味。芋艿释放出的软糯让你如同置身江南水乡一般，十分着迷。

品味食材本身的鲜美

白灼金针菇

热量值参考： 　　烹饪时间：10 分钟　　难易程度：低

适合做便当

主料

金针菇200克｜小米辣2根
小葱2根

配料

生抽2茶匙｜白糖1/2茶匙
花椒油1茶匙｜香油1茶匙
盐1/4茶匙

营养贴士

金针菇爽滑脆嫩、味道鲜美，是凉拌菜和火锅的首选食材。金针菇中的氨基酸含量丰富，有促进智力发育的功能，因此有益智菇的美誉。

烹饪秘籍

为了保证金针菇爽滑鲜脆的口感，焯水的时间不宜过长。

做法步骤

1　金针菇洗净，去除根部。

2　小米辣切末、小葱切葱花。

3　锅中烧开水，放入金针菇焯水1分钟，捞出，沥干水分。

4　碗中放入小米辣、生抽、白糖、花椒油、香油和盐，搅拌均匀成酱汁。

5　沥干水的金针菇铺在盘子上，淋上调好的酱汁。

6　撒上葱花即可。

食材最简单的处理方法是什么？很多人会想到白灼。辅以简单的调味，就能激发出食物最鲜美的味道，原汁原味说的就是如此。

我的快乐是烧烤给的！

什锦烤蔬菜

热量值参考： ▓▓▓▓ ⏲ 烹饪时间：30分钟 🍲 难易程度：低

 适合做便当

主料

口蘑6个｜南瓜半个｜洋葱1/4个
玉米半根｜西蓝花50克

配料

孜然2茶匙｜蚝油2茶匙
烧烤料2茶匙｜蜂蜜适量
橄榄油适量

营养贴士

西蓝花中含有丰富的维生素和矿物质，作为十字花科食物，它也被证实是很好的抗衰老食物之一。

烹饪秘籍

西蓝花可能会有农药残留。因此可将西蓝花放入加有食用盐的清水中浸泡，再洗净。

做法步骤

1 南瓜去皮、切块；洋葱去皮、切块；玉米切成小块；口蘑对半切开。

2 西蓝花掰成小朵，放入盐水中浸泡30分钟，洗净。

3 将准备好的食材放入一个大盆中，放入孜然、蚝油、烧烤料和蜂蜜，搅拌均匀。

4 烤盘上铺上一层锡纸，将腌制好的食材均匀铺在上面。

5 刷上一层橄榄油。

6 烤箱提前预热，放入烤箱180℃烤15分钟即可。

一到夏天就十分想念街边香喷喷的烧烤。不妨来尝尝这款十分健康的什锦烤蔬菜，任意搭配你喜欢的食材，换一种做法，也许菜比肉更好吃呢！

经典的粤式小炒
南乳空心菜

热量值参考： ▨▨▨   ⏳ 烹饪时间：20 分钟   🍲 难易程度：低

主料

空心菜500克 | 腐乳1块 | 大蒜4瓣

配料

盐1/2茶匙 | 白糖1/4茶匙 | 油适量

营养贴士

空心菜富含钾，可调节机体的电解质平衡。空心菜中的膳食纤维含量也十分丰富，具有促进肠蠕动等功效。

烹饪秘籍

这道菜使用南乳汁更好，但为了简单方便，这里使用了超市可以买到的腐乳来调配酱汁，味道也很好。

做法步骤

1 空心菜择去老梗，掰成小段，洗净，控干水分备用。大蒜切片。

2 碗中放入1块腐乳、1茶匙腐乳汁、适量清水和白糖，搅拌均匀成酱汁。

3 炒锅烧热倒油，放入蒜片炒香。

4 加入空心菜炒熟。

5 倒入调好的酱汁，翻炒入味。

6 出锅前撒上盐即可。

在广东，空心菜是街头巷尾最常见的一种蔬菜。做法基本分两大类：蒜蓉和南乳。今天就来还原经典的南乳空心菜，微甜的酱汁，搭配爽脆的空心菜，"好吃不胖系列"再更新！

黄金玉米烙

热量值参考： ▨▨▨▨▨ | ⧗ 烹饪时间：10分钟 | ⌂ 难易程度：低

主料

玉米罐头粒1罐

配料

糯米粉30克 | 玉米淀粉30克
玉米油适量 | 白糖适量

营养贴士

玉米是粗粮中的人气担当。常吃玉米等高膳食纤维的粗粮，有利于通便排毒、减脂瘦身，对人体健康十分有益呢！

烹饪秘籍

炸玉米烙的油用量要多一些，这样两面都能炸到。在煎的过程中要耐心，不能翻面，否则会散架。

做法步骤

1 玉米罐头沥干水分。

2 将玉米淀粉和糯米粉混合均匀，倒入玉米粒中，抓拌均匀至看不到干粉。

3 平底锅烧热，倒入玉米油，油量要没过大部分玉米粒。

4 油开始冒烟后，倒出2/3的油，放入碗中备用。

5 将玉米粒下锅，用铲子帮忙，平铺在锅里，小火炸3分钟。

6 倒入刚刚盛出的油，转中火再炸3分钟至金黄酥脆。

7 盛到盘子中，用烘焙油纸吸油。

8 撒上白糖即可食用。

这是一道寓意"金玉满堂"的超高人气点心，在中国人的餐桌上，它即是主食也是甜品。入口香酥脆甜，味蕾能得到极大的满足！

茴香小油条

热量值参考： ▮▮▮▮ | ⏳ 烹饪时间：10分钟 | 🍲 难易程度：低

主料

面粉400克 | 茴香100克 | 鸡蛋2个

配料

酵母1茶匙 | 白糖1茶匙 | 盐2茶匙
泡打粉3克 | 温水150毫升左右
食用油适量

营养贴士

一般绿叶蔬菜大多是属于凉性的，而茴香却属于温性。食用茴香能滋补肾阳，对人体十分有益。

烹饪秘籍

在炸油条的过程中，要用筷子来回拨动，使油条受热均匀，这样炸出来的油条才香酥可口。

做法步骤

1 面粉放入盘中，加入酵母、白糖、盐、泡打粉和鸡蛋搅拌均匀。

2 在面粉中缓慢多次加入温水，边倒边搅拌。

3 带面粉成絮状之后，揉成面团，盖上盖子，放在温暖的地方醒发至1.5倍大。

4 茴香洗净，控干水分，切末。

5 将茴香碎放入揉好的面团中，混合均匀。

6 将面团擀成1厘米厚的薄片，切成大小均匀的长条，稍微揉圆，再次醒发15分钟。

7 油锅烧至六成热，放入油条，炸至金黄，至油条漂起即可。

与普通油条相比，茴香小油条做法更加简单，口感却十分丰富。炸至金黄的油条外酥里嫩，入口满是清香。

吃不胖的主食
玉米面菜团子

热量值参考： ▨

⏳ 烹饪时间：10分钟

📖 难易程度：低

 适合做便当

主料

玉米面适量｜菠菜500克｜鸡蛋1个
胡萝卜半根｜小葱2根

配料

盐1茶匙｜十三香适量｜香油适量
食用油适量

营养贴士

玉米面中含有丰富的膳食纤维，能促进肠蠕动，缩短食物通过消化道的时间，有助于减肥。

🍳 烹饪秘籍

在裹玉米面时，一定要边裹边攥紧，尤其是在沾水的时候，裹紧才能防止食材散开。

做法步骤

1 菠菜洗净，去除根部，切成小段。

2 胡萝卜洗净，削皮，用擦丝器擦成细丝。

3 锅中烧开水，将胡萝卜丝和菠菜段分别焯水30秒，捞出备用。

4 鸡蛋打散至碗中，搅拌均匀，放入热油锅中炒散盛出。

5 小葱切葱花。

6 将菠菜、胡萝卜、鸡蛋和小葱放入大碗中，加入盐、十三香和香油调味，搅拌均匀。

7 把拌好的材料用手紧紧攥成小圆球。

8 团好的小团子依次裹上玉米面，再沾水，这个步骤重复大概3次。至玉米面完全裹住食材。

9 蒸锅烧开水，将玉米面菜团子放入蒸锅，蒸15分钟即可。

这是一道吃起来毫无负担的主食，低卡又美味。只有用这个方法做出来的菜团子，才能保证皮薄馅大，一口咬下去，幸福满满。

 每年立春，就像北方要吃春饼一样，南方则要吃春卷。苏东坡在诗里曾提到："春到人间一卷之。"后经历改良演化，才得以形成如今的春卷。

春天的味道
三丝春卷

热量值参考：

⧖ 烹饪时间：10 分钟

☐ 难易程度：低

🍽 适合做便当

主料

春卷皮适量 | 圆白菜50克
胡萝卜半根 | 香菇4朵

配料

淀粉2茶匙 | 黑胡椒粉1茶匙
盐1/2茶匙 | 食用油适量

营养贴士

圆白菜中含有丰富的膳食纤维和多种维生素，对人体十分有益。除此之外，圆白菜与其他甘蓝类蔬菜一样，富含叶酸，孕妇或者贫血患者可以经常食用。

做法步骤

1 圆白菜洗净，切细丝；香菇洗净，去蒂，切片；胡萝卜洗净，切细丝。

2 锅烧热放油，放入圆白菜、香菇和胡萝卜翻炒，加入盐和黑胡椒粉调味。放凉备用。

3 淀粉加水，调成水淀粉。

4 取一张春卷皮，放上菜码，卷起，边缘沾些水淀粉黏合。

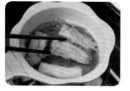

5 油锅烧热，转中小火，放入春卷炸至两面金黄即可。

烹饪秘籍

卷春卷皮的时候，先从底部卷起，两边往中间折，边缘沾些水淀粉，炸的时候才不会散开。

CHAPTER
2
吃蔬食的
幸福

老板！来瓶啤酒
冷锅素串串

热量值参考：▰▰▰▰

⌛ 烹饪时间：30 分钟

🍲 难易程度：中

主料

香菇4朵 | 面筋4个 | 腐竹4~6个
木耳5克 | 鹌鹑蛋4个 | 海带20克
土豆1个 | 莴笋30克 | 洋葱1/2个

配料

豆豉10克 | 葱30克 | 姜4片
蒜6瓣 | 酱油1汤匙 | 蚝油2茶匙
白糖1茶匙 | 干辣椒20克
花椒20克 | 麻椒10克 | 小茴香10克
八角4个 | 豆瓣酱2茶匙
白芝麻适量 | 食用油适量

营养贴士

这道冷锅素串串不仅能满足我们想吃辣的味蕾，选取的还都是营养丰富的食材，自己在家制作的串串香可以安心享用呢。

烹饪秘籍

白芝麻绝对是这道料理的点睛之笔，一定要多放才香。使用前也可以在无油无水的平底锅里烘香，味道更佳。

做法步骤

1 锅烧热，倒入适量油，待油温七成热时放入干辣椒、花椒、麻椒、小茴香、八角、豆豉、葱姜蒜和切碎的洋葱，小火慢慢炒出香味。

2 加入豆瓣酱炒出红油，加入热水，盖上锅盖煮10分钟。

3 用滤网过滤掉材料，只保留汤汁，待再次煮滚，加入酱油、蚝油、白糖调味。

4 撒上白芝麻，放凉备用。

5 香菇洗净、去蒂；腐竹、木耳泡发；鹌鹑蛋煮熟，剥皮；海带洗净；土豆洗净，削成薄片；莴笋择洗净，切片。

6 将处理好的菜品以及面筋用竹签穿起来。

7 锅中烧开水，放入菜品焯熟，捞出控干水分。

8 将煮好的串串放入凉透了的汤汁中，浸泡5分钟即可食用。

担心外食餐馆的串串不干净？那试试自己在家做，健康又美味，想吃什么放什么，相信我，素串串的味道绝对不比肉串差呢！

老板！再来一份！
土豆沙拉

热量值参考：▨▨▨▨▨▨　　　⏳ 烹饪时间：20 分钟　　　🍲 难易程度：中

 适合做便当

主料

土豆2个 | 黄瓜1根 | 洋葱1/4个

配料

盐适量 | 蛋黄酱30克
颗粒芥末酱10克 | 黑胡椒碎适量

营养贴士

土豆含有丰富的维生素及多种微量元素，在美国，早已成为受人们欢迎的第二主食，能给人体提供能量，且十分容易被人体吸收。

烹饪秘籍

为了保证土豆的口感，捣碎土豆的时候，可用专门的捣碎工具，或者用勺子耐心捣碎，不要用刀切。

做法步骤

1　土豆洗净、削皮，切小块。

2　锅中烧开水，放入土豆煮20分钟，自然冷却。

3　洋葱切细丝，放入水中浸泡20分钟。

4　浸泡好的洋葱沥干水分，加盐搅拌均匀。

5　黄瓜切薄片，撒上盐，腌制10分钟，挤干水分。

6　煮好的土豆捣碎。

7　加入洋葱丝、黄瓜、黑胡椒碎、蛋黄酱和颗粒芥末酱，充分搅拌均匀即可。

这款可以作为主菜也可做小菜的沙拉，喜欢吃土豆的朋友们一定不要错过呀！保证你一份不过瘾。

欺骗你的眼球

鲍鱼小土豆

热量值参考： █ ▢ ▢ ▢　　　⧗ 烹饪时间：30 分钟　　　🍲 难易程度：中

 适合做便当

主料

土豆2个｜大蒜2瓣

配料

土豆淀粉20克｜酱油2茶匙
蚝油1茶匙｜小米辣2根
食用油适量

营养贴士

土豆中含有丰富的营养价值，其中维生素C的含量是苹果的10倍，营养结构也更加合理，经常食用对身体很有好处。

烹饪秘籍

为了省时、好看，在塑形的时候选择了饮料瓶的瓶盖。在压之前一定要保证土豆泥是圆球形状，这样压出来的才好看。

做法步骤

1　土豆洗净，削皮，切片。

2　将土豆片放入蒸锅中蒸20分钟，蒸熟。

3　蒸好的土豆捣成土豆泥。

4　土豆泥中加入土豆淀粉，搅拌均匀。

5　将土豆泥搓成小圆球，找一个饮料瓶盖，将圆球压成鲍鱼形状。

6　放入锅中蒸10分钟。

7　热锅冷油，放入蒜末炒香、加入酱油、蚝油、小米辣和适量清水，煮成酱汁。

8　熬好的酱汁淋在蒸好的土豆上即可。

如果不仔细看，真的会被它的外表所欺骗呢！一个个小土豆圆圆的、糯糯的，尝试过那么多种土豆的做法，这种可一定不要错过呀！

秒杀一切路边摊
五香小土豆

热量值参考：▮▮▮▮▮▮　　　⏳ 烹饪时间：30 分钟　　　🍲 难易程度：中

 适合做便当

主料

小土豆10个 | 小葱1根

配料

辣椒面1茶匙 | 盐1/4茶匙
生抽1茶匙 | 花椒粉1/4茶匙
蚝油1茶匙 | 食用油适量

营养贴士

小土豆中富含多种维生素和矿物质，是一种营养与口感均在的食材。

烹饪秘籍

小土豆在煎的过程中，用铲子轻轻按压，形成裂口，这样在后续过程中才能更入味。

做法步骤

1 小土豆冲洗干净；小葱切成葱花。

2 锅中烧开水，将小土豆放入锅中煮15分钟至熟。

3 平底锅烧热，放油，放入小土豆煎，用铲子稍微压扁，煎至两面金黄。

4 加入辣椒面、盐、生抽、花椒粉和蚝油，翻炒均匀。

5 出锅前撒上葱花即可。

不爱油滋滋的烤串、不爱爽滑的锡纸花甲，却独爱这味道浓郁迷人的小土豆，吃过一次就相见恨晚。

香草烤土豆

热量值参考：■■□□□   ⧗ 烹饪时间：30 分钟   🍲 难易程度：中

 适合做便当

主料

土豆1个｜洋葱1/4个

配料

迷迭香5克｜鼠尾草5克
橄榄油适量｜盐1/2茶匙
黑胡椒碎适量

营养贴士

迷迭香是西餐中常用的香料，香味
较重，有提神醒脑、增强脑部活力
的功效。很适合需要增强记忆力的
学生党食用。

烹饪秘籍

这款料理口味偏清香，若喜欢口味
厚重一些的，可适量增加调味料，
如辣椒粉、海盐等。

做法步骤

1 土豆洗净，不用削皮，切长
条备用。

2 洋葱切细丝。

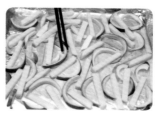

3 烤盘铺锡纸，将土豆和洋葱
均匀摆上。

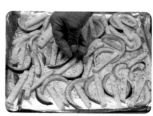

4 均匀涂抹橄榄油，撒上盐和
黑胡椒碎。

5 摆上鼠尾草和迷迭香。

6 烤箱提前预热，放入食
材，200℃烤20分钟即可。

这道料理用香草香味来减少对重口味调味料的依赖。饱含了香草和洋葱香气的土豆，令人迷醉。

看得见的滑嫩

黄油杏鲍菇

热量值参考：███ ░░░░　　　⏳ 烹饪时间：30 分钟　　　🍲 难易程度：中

 适合做便当

主料

杏鲍菇2个

配料

黄油10克 | 海盐适量
黑胡椒碎适量

营养贴士

杏鲍菇营养丰富，植物蛋白高达
25%，还含有多种可以提高人体免
疫力的物质，是一款老少皆宜的神
仙食材。

烹饪秘籍

如果喜欢更加焦香口感的杏鲍菇，可
以适当延长烤制的时间。注意是延长
烤制时间，不用增加烤箱温度哟！

做法步骤

1 杏鲍菇洗净，控干水分，切
长片。

2 黄油提前融化成液体状态。

3 烤盘铺上一层锡纸，铺上杏
鲍菇。

4 在杏鲍菇上均匀刷上一层
黄油。

5 撒上黑胡椒碎和海盐。

6 烤箱提前预热，180℃烤30
分钟。

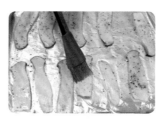

7 中途取出，倒掉杏鲍菇烤出
的水，再刷一层黄油，继续烤
至时间到即可。

本身就肉质紧实鲜嫩的杏鲍菇，与黄油结合，口感和味道都更上了一层楼。如果你对比过橄榄油煎的，就知道黄油的存在有多加分！

酥炸杏鲍菇

热量值参考: ▰▰▱▱▱ ⊠ 烹饪时间: 30 分钟 🍲 难易程度: 中

 适合做便当

主料

杏鲍菇2个 | 鸡蛋1个

配料

淀粉50克 | 盐1茶匙 | 胡椒粉1茶匙
食用油适量

营养贴士

杏鲍菇是低卡低脂的健康食材，很适合减脂期间的人们食用。

烹饪秘籍

搅拌好的鸡蛋糊，用筷子提起是能拉丝的，这种状态下的蛋糊最能炸出金黄酥脆的口感。

做法步骤

1 杏鲍菇洗净，切5厘米的长条。

2 淀粉和鸡蛋放入碗中搅拌均匀。

3 加入盐和胡椒粉调味。

4 锅中倒入油，烧至八成热，将杏鲍菇裹住蛋糊，下锅炸至金黄。

5 捞起控油，待油锅再次烧热，复炸一次。

6 复炸好的杏鲍菇沥干油，撒上胡椒粉或五香粉即可。

喜欢吃金黄酥脆的炸物的吃货们，一定不能错过这道料理。比肉肉更好吃、更有口感，一口一个，根本停不下来!

小炒虫草花

热量值参考： 烹饪时间：30分钟　　难易程度：中

主料

鲜虫草花200克｜青椒1个
红辣椒1个｜大蒜4瓣

配料

蚝油1茶匙｜郫县豆瓣酱2茶匙
食用油适量

营养贴士

虫草花有润肌养颜的功效，经常食
用可以有效预防肌肤衰老。

烹饪秘籍

虫草花炒软了就可以出锅，切忌不
能炒太久，否则会变老。

做法步骤

1　虫草花泡清水10分钟，洗净，
沥干水分。

2　青椒洗净，去蒂，切细丝；
红辣椒切段；大蒜切片。

3　热锅冷油，放入蒜片爆香。

4　加入郫县豆瓣酱炒出红油。

5　放入青椒和红辣椒炒软。

6　加入虫草花翻炒，放蚝油
调味。

7　待虫草花炒软即可出锅。

虫草花只能炖汤？那你一定是没有尝试过这个吃法！虫草花口感爽滑，这道简简单单的素炒虫草花，最适合食欲不振的夏季。

丝瓜油条

热量值参考：▇▇▇ ▨▨ ▨　　　⧖ 烹饪时间：30 分钟　　　🍲 难易程度：中

主料

丝瓜1根｜油条2根｜大蒜2瓣
小米辣2个

配料

盐1/4茶匙｜鸡汁1茶匙
食用油适量

营养贴士

丝瓜含有丰富的B族维生素，有利于
大脑的发育和健康，尤其是老人和
小孩，日常应该多吃丝瓜。

烹饪秘籍

丝瓜去皮后与空气接触会氧化变
色，因此切好的丝瓜如果不及时
炒，可以放在淡盐水中泡着。

做法步骤

1　丝瓜洗净、去皮，切滚刀块；
油条从中间切开，切成小块。

2　大蒜切蒜片；小米辣切段。

3　热锅冷油，放入蒜片和小米
辣炒香。

4　放入丝瓜和油条，大火爆炒
1分钟。

5　沿着锅边倒入适量清水，盖
上锅盖，焖煮5分钟。

6　放入盐和鸡汁翻炒均匀即可。

这是一道自带江南属性的料理，鲜美的丝瓜搭配金黄的油条，看似不搭的两种食材，组合起来却有一种细水长流的韵味。

简简单单最下饭

素烧豆腐

热量值参考：▬▬▬　　　⧗ 烹饪时间：30 分钟　　　🍲 难易程度：中

 适合做便当

主料

内酯豆腐1块｜小葱4根｜大蒜3瓣

配料

酱油2茶匙｜蚝油1茶匙
盐1/4茶匙｜淀粉1茶匙
食用油适量

营养贴士

豆腐含有优质的植物蛋白，除了补充人体所需，还能抑制胆固醇的吸收，能很好地保护心脑血管系统。

烹饪秘籍

材料中的小葱也可以用韭菜代替，味道会更加鲜香。内酯豆腐比较柔软，在炒制过程中不要用力翻炒，用铲子轻推翻拌即可。

做法步骤

1　内酯豆腐切小块；小葱切葱花、大蒜捣碎成末。

2　热锅冷油，放入蒜末爆香。

3　放入内酯豆腐，加适量清水小火煮开。

4　酱油、蚝油、盐放入碗中调成酱汁。

5　将调好的酱汁倒入豆腐中，转小火煮10分钟。

6　转大火淋上用淀粉调好的水淀粉。

7　撒上葱花，慢慢搅拌均匀即可出锅。

一款看似平平无奇的素烧豆腐，鲜美的味道却令人难以忘掉。炎热的夏季食欲不佳？来试试这款鲜美的豆腐，绝对让你胃口大开！

面筋新吃法
时蔬面筋

热量值参考：■■■■ | 烹饪时间：30 分钟 | 难易程度：中

适合做便当

主料

面筋200克 | 茄子半个 | 大葱30克
胡萝卜半根

配料

橄榄油30毫升 | 海盐适量
黑胡椒碎适量

营养贴士

茄子营养丰富，含有B族维生素、维生素K、钾、磷等营养成分，对人体健康十分有利。

烹饪秘籍

可将油炸做法换成在锅中小火慢煸，虽然口感会差一些，但热量也会随之降低，很适合减脂期的人们食用。

做法步骤

1 茄子洗净，切长条，撒上盐，腌制10分钟。

2 待茄子出水，冲洗干净，挤净水分。

3 锅中倒橄榄油，放入茄子，煎至金黄，捞出控油。

4 面筋对半切开；大葱切片；胡萝卜斜切成片。

5 炒锅放油烧热，翻入大葱炒香，加入胡萝卜炒软，加入面筋翻炒。

6 放入炸好的茄子，快速搅拌均匀。

7 撒上海盐和黑胡椒碎，翻炒均匀即可出锅。

面筋和茄子？这看似不搭界的两种食材，组合起来究竟是什么味道？快准备好材料，一探究竟吧！

直击灵魂的美味
金针菇豆皮卷

热量值参考：

⏳ 烹饪时间：20 分钟

🍲 难易程度：中

🍱 适合做便当

主料

金针菇50克 | 豆皮适量

配料

大蒜2瓣 | 小葱1根 | 生抽1茶匙
老抽1/2茶匙 | 蚝油1茶匙
白糖1/2茶匙 | 食用油适量

营养贴士

豆皮中含有多种矿物质，能补充钙质，促进骨骼发育。

烹饪秘籍

喜欢吃辣的朋友，可以在配料中增加小米辣。

做法步骤

1 金针菇洗净，去掉尾部。

2 豆皮切成小长条。

3 取一小撮金针菇，放在豆皮上裹起来，用牙签固定住。

4 大蒜切片；小葱切葱花。

5 取一个大碗，放入生抽、老抽、蚝油、白糖和适量清水，搅拌均匀。

6 热锅冷油，放入蒜片炒香。

7 放入豆皮卷，煎至两面金黄。

8 倒入准备好的酱汁，转小火煮5分钟。

9 待汤汁浓郁，撒上葱花即可出锅。

金针菇究竟有多少种花样做法？这款绝对值得一提。每次吃到这道料理时都不禁会发出这样的感慨：这真是直击灵魂的美味！

解压又美味的零食
老式拌豆皮

热量值参考：▬▬◤◥ | ⧗ 烹饪时间：20 分钟 | 🍲 难易程度：中

 适合做便当

主料

豆皮300克

配料

蒜蓉辣酱100克 | 白芝麻适量
孜然粒30克 | 淀粉5克
食用油适量

营养贴士

豆皮是黄豆磨浆烧煮凝结而成的豆制品，是一款高蛋白、低脂肪、不含胆固醇的营养食品。常吃豆皮，能很好地保护我们的血管和心脏。

烹饪秘籍

这样做出来的豆皮，放入保鲜盒可以保存3~5天。每次吃的时候用干净、无油无水的筷子夹出即可。

做法步骤

1 豆皮提前用凉水泡软。

2 锅中烧开水，放入泡好的豆皮，小火煮5分钟。

3 捞出清洗干净，控干水分。

4 将豆皮用剪刀剪成小段。

5 热锅冷油，放入蒜蓉辣酱翻炒，加适量清水炒香。

6 待酱汁冒泡，放入用淀粉调好的水淀粉，大火收汁。

7 出锅前放入芝麻和孜然粒搅拌。

8 将酱汁淋在豆皮上搅拌均匀即可。

🍅 这是一款小时候经常吃的零食，无论是在校门口或者在家里都能吃到。豆皮爽滑富有嚼劲，搭配浓郁的酱汁，是解压又美味的零食没错了！

儿时的味道
素炸丸子

热量值参考： ■■■ 　　　⌛ 烹饪时间：20 分钟　　　🍲 难易程度：中

 适合做便当

做法步骤

主料

胡萝卜2根｜面粉100克｜鸡蛋1个

配料

大葱30克｜香菜30克｜盐2茶匙
食用油适量

营养贴士

胡萝卜中含有木质素，这种物质能提
高人体免疫力，降低得感冒的风险。

烹饪秘籍

胡萝卜馅料拌好之后要静置20分
钟，待出水后，再放入面粉搅拌均
匀。面粉的具体用量按照菜出水的
情况来定。

1 胡萝卜洗净，削皮，擦成
细丝。

2 香菜切末；大葱切葱花。

3 取一个大碗，放入胡萝卜、
香菜和大葱，加入鸡蛋、盐搅
拌均匀。

4 搅拌好的材料静置20分钟。

5 加入面粉搅拌均匀。

6 油锅烧热，用虎口挤出丸
子，放入油锅炸。

7 炸至丸子金黄，漂起来，取
出控油。

8 待油锅重新烧热，复炸一次
即可。

这是一种刻在记忆里的味道，小时候逢年过节，姥姥都会炸一大盆素丸子，小孩子当作零食抓着吃。现在长大了，自己也可以还原童年的味道呢！

夏天的味道
烤茄子

热量值参考： 　　　⧗ 烹饪时间：30 分钟　　　🍲 难易程度：中

🍱 适合做便当

主料

茄子1个 ｜ 小葱1根 ｜ 大蒜3瓣
小米辣1根

配料

盐1/2茶匙 ｜ 孜然粉适量
生抽2茶匙 ｜ 食用油适量

营养贴士

茄子的热量很低，可促进消化，很
适合减脂期食用。茄子还含有丰富
的维生素E，常吃茄子有延缓衰老的
功效。

🍳 烹饪秘籍

茄子的外皮含有多种维生素，因此
食用时洗净即可，不用削皮。

做法步骤

1　茄子洗净，擦干水分，横向
对半切开。

2　烤盘上铺上一层锡纸，放上
茄子，在表面刷上一层油。

3　烤箱提前预热，放入烤箱
180℃烤20分钟。

4　小葱切末、大蒜捣碎成蒜
末、小米辣切丁。

5　将葱花、蒜末和小米辣放入
碗中，加入食用油、生抽、盐
和孜然粉，调成酱汁。

6　烤好的茄子取出，把调好的
酱汁淋在茄子表面。

7　放入烤箱再烤10分钟即可。

在夏季路边摊的烧烤中，大家最喜欢的食物是什么？有没有人跟我一样，钟爱烤茄子？没想到看似复杂的烤茄子，其实操作非常简单，快来试试吧！

喜欢藕的你不要错过

酸甜炸藕丁

热量值参考：▓▓▓▓▓▓▓　　⊠ 烹饪时间：20 分钟　　🍲 难易程度：中

 适合做便当

主料

莲藕1根（300克左右）

配料

淀粉3茶匙｜白糖1茶匙
酱油2茶匙｜白醋1茶匙
白芝麻适量｜食用油适量

营养贴士

莲藕中含有较多的铁、钾等矿物
质，贫血的朋友可以多吃莲藕，有
补血生血的功效。

烹饪秘籍

如何判断油温是否可以炸食物？取
一根木筷子，放入油锅，如果筷子
周边起小泡泡，此时就可以将食物
下锅。

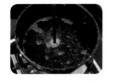

做法步骤

1　莲藕去皮，切成3厘米长条。

2　切好的莲藕均匀裹一层淀粉。

3　油锅烧至八成热，放入莲藕
丁炸至金黄，捞出控油。

4　待油温重新升高，放入莲藕
复炸一次。

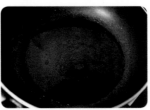

5　另起一锅，烧热放油，放入
白糖、酱油、白醋和清水，小
火熬成酱汁。

6　放入炸好的藕段翻炒，均匀
裹上酱汁。

7　出锅前撒上白芝麻即可。

这款藕丁外皮酥脆，内馅软嫩，酸甜适中，入口就能品尝到莲藕的清香。好吃的秘诀就在于莲藕的处理上，一定要切成藕段，如果是藕片就会丧失很多口感。

酸辣汤

热量值参考：▆▆▭▭▭ ⏳ 烹饪时间：20 分钟 🍲 难易程度：中

主料

嫩豆腐50克｜木耳6朵｜番茄1个
鸡蛋1个｜香菇2个｜小葱2根
香菜1根

配料

盐1/2茶匙｜生抽2茶匙
白胡椒粉1/4茶匙｜陈醋1汤匙
水淀粉适量｜食用油适量

营养贴士

番茄越红，它所含的营养越多，在
做熟后食用比生吃更有利于人体
吸收。

烹饪秘籍

陈醋和白胡椒粉的用量，可以依据
个人口味加减。

做法步骤

1 番茄洗净，切小丁；木耳泡发，切细丝；香菇洗净、去蒂，切片；嫩豆腐切丝。

2 小葱切葱花；香菜切末。

3 热锅冷油，放入番茄炒出汁。

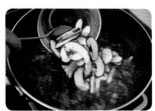

4 加入热水烧开，放入木耳、豆腐和香菇，大火煮开。

5 加盐、生抽、陈醋和白胡椒粉调味。

6 淋入水淀粉，搅拌均匀。

7 鸡蛋打散，搅拌均匀。

8 熬至浓稠的酸辣汤，淋入蛋液，撒上葱花和香菜即可。

想喝汤的时候，最简单却最令人满足的汤品是什么？酸辣汤绝对榜上有名，酸辣开胃，鲜香诱人，关键是做法还超级简单，不来一碗吗？

来自江南的美味
上汤豆苗

热量值参考：▉▉ | 烹饪时间：20 分钟 | 难易程度：中

主料

豆苗200克｜大蒜4瓣｜口蘑4朵
皮蛋1个

配料

鸡汤适量｜胡椒粉1/4茶匙
盐1/4茶匙｜食用油适量

营养贴士

豆苗中含有优质的蛋白质，能提高
人体的免疫力。应季吃对身体健康
十分有好处。

烹饪秘籍

豆苗要在汤汁烧开后放入，无须煮
太久，否则会破坏豆苗爽脆的口感。

做法步骤

1 豆苗择洗干净，沥干水分；
大蒜切片；皮蛋切块；口蘑对
半切开。

2 热锅冷油，放入蒜片，小火
煎至金黄色。

3 放入皮蛋、口蘑炒香。

4 倒入没过食材的鸡汤，大火
煮开。

5 待汤汁变白，放入豆苗。

6 加入盐和胡椒粉调味。

7 再次煮开，即可关火装盘。

这是一款看似清清爽爽，吃进嘴里却回味无穷的料理。无须复杂的烹饪手法，简单的烫煮就能激发食材最鲜美的味道。

💬 日料店里的关东煮，在家自己做也非常方便呢。热量低，想吃什么还可以任意组合，无论是作为午餐或者晚餐都很棒呢！

是日料店的味道了！

关东煮

热量值参考：▰▰ ▱▱▱

⌛ 烹饪时间：30 分钟

🍲 难易程度：中

主料

老豆腐100克 | 白萝卜50克
海带结30克 | 鹌鹑蛋6个

配料

关东煮汤料包 | 小葱2根

营养贴士

关东煮中必备的萝卜，含有大量的膳食纤维和维生素，可以降低胆固醇，有利于维持血管的弹性，对人体十分有益。

做法步骤

1 豆腐切大块；白萝卜洗净，切3厘米厚片；海带结泡洗净。

2 鹌鹑蛋煮熟，剥壳备用。

3 锅中烧开水，放入关东煮汤料包，加入准备好的食材，小火煮30分钟。

4 小葱切葱花。

5 出锅前撒上葱花即可。

🍳 烹饪秘籍

关东煮中没有固定的食材，可以依据自身口味随意添加。具体煮制的时间根据食材的耐煮程度来决定，比如豆腐和萝卜可先煮，鹌鹑蛋可以后煮。

网红鸡蛋做法
北非蛋

热量值参考：▩▩▩ | ⧖ 烹饪时间：30 分钟 | 🍲 难易程度：中

主料

小番茄200克｜可生食鸡蛋2个
洋葱1/2个｜口蘑2个

配料

大蒜5瓣｜番茄酱2茶匙
黑胡椒碎适量｜海盐适量
马苏里拉奶酪适量｜食用油适量

营养贴士

小番茄是很出名的美容类水果，经常食用能增加肌肤弹性，减少皱纹的产生。

烹饪秘籍

北非蛋的鸡蛋是流黄的，为了食用安全和享用口感，鸡蛋最好选用可生食鸡蛋。

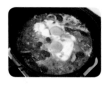

做法步骤

1　洋葱切末；小番茄对半切开；口蘑切片；大蒜切末。

2　热锅冷油，放入蒜末炒香，加入洋葱碎和口蘑翻炒。

3　加入小番茄，炒出汁。

4　加入番茄酱、黑胡椒碎和海盐搅拌均匀。

5　加适量清水，大火煮开，转小火煮5分钟。

6　打入鸡蛋，焖2分钟。

7　出锅前撒上马苏里拉奶酪即可。

北非蛋，原名shakshuka，在希伯来语中意为
"混合"。做法就是将多种蔬菜混合，炖至软烂，加
入鸡蛋。口感丰富、滑嫩细腻。

换一种思路吃饺子
番茄鸡蛋水饺

热量值参考：

⌛ 烹饪时间：30 分钟
🍲 难易程度：中

🍱 适合做便当

主料

番茄350克 ｜ 鸡蛋3个

配料

中筋面粉200克 ｜ 盐1茶匙
白糖1茶匙 ｜ 食用油适量

营养贴士

番茄是维生素C的天然来源，每天食用一两个番茄对身体十分有益。

烹饪秘籍

一定要先将番茄的水分攥干之后再拌馅，否则包饺子的时候会流汁。

做法步骤

1　200克面粉中加入110毫升水，搅拌均匀成面团。

2　揉好的面团静置30分钟。

3　番茄洗净，顶部划十字，放入沸水中烫几秒，捞出去皮。

4　番茄切碎后攥去汤汁。

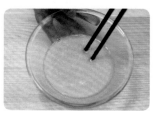

5　鸡蛋打散至碗中，加入盐，搅拌均匀。

6　热锅冷油，倒入蛋液炒散盛出。

7　番茄和鸡蛋碎搅拌均匀，加入白糖调味。

8　面团分成剂子，擀成饺子皮。

9　放上馅料，依次包好所有饺子。

10　锅中烧开水，放入饺子，煮熟即可。

吃腻了传统的荤水饺，这款素水饺保准让你获得惊喜的口感，令你不禁感叹：番茄配鸡蛋，果然能拯救一切不开心！

小孩子的最爱
时蔬鸡蛋肠

热量值参考： ▇▇▇▇▇▇▇ | ⧗ 烹饪时间：20 分钟 | 🍲 难易程度：低

适合做便当

主料

鸡蛋2个 | 胡萝卜10克 | 菠菜3根

配料

淀粉20克 | 盐1/4茶匙 | 橄榄油适量

营养贴士

菠菜中富含多种对人体有益的营养
素，能促进新陈代谢。其丰富的铁
元素能预防缺铁性贫血。

烹饪秘籍

因为菠菜含有草酸，会影响人体对钙
的吸收，所以在烹饪之前要先焯水。

做法步骤

1 菠菜洗净、去根；胡萝卜洗
净、削皮，擦成细丝。

2 处理好的胡萝卜和菠菜分别
下水焯30秒捞出。

3 菠菜和胡萝卜切成细末。

4 鸡蛋打散至碗中，搅拌成均
匀蛋液。

5 加入菠菜、胡萝卜碎、淀粉、
盐搅拌均匀。

6 模具上先刷一层油，将准备
好的蛋液倒入。

7 锅中烧开水，上锅蒸15分钟。

8 凉凉，倒扣脱模即可。

吃素就不能吃肠？这款时蔬鸡蛋肠完美解决了这个问题。不仅营养丰富，口感也很棒呢！不信快来试试，再也不用担心小孩子不愿意吃饭啦！

颜值即正义

金黄蔬菜卷

热量值参考： ▮▮▮   ⧗ 烹饪时间：20 分钟   🍲 难易程度：中

 适合做便当

主料

鸡蛋3个 | 黄瓜半根 | 紫甘蓝1片
彩椒1/4个 | 生菜2片

配料

大蒜1瓣 | 鱼露1茶匙 | 甜辣酱1茶匙
盐少许 | 食用油适量

营养贴士

鸡蛋是减脂期人们必不可少的食物，食用鸡蛋能提高饱腹感。且鸡蛋中含有的蛋白质能让人体保持能量平衡。

烹饪秘籍

若在煎的过程中蛋白饼碎了，是因为弹性不够，可以加入一点淀粉来增加蛋白糊的弹力。

做法步骤

1 蛋清和蛋黄分开，分别加入盐调味，搅拌均匀。

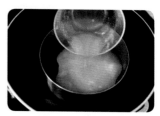

2 热锅冷油，平底锅中放入圆形简单模具，分别舀入蛋黄液和蛋白液。

3 小火煎出蛋白饼和蛋黄饼。

4 黄瓜和彩椒切成5厘米长的细段；紫甘蓝和生菜切细丝。

5 大蒜捣碎成蒜末，加入鱼露和甜辣酱，搅拌均匀成酱汁。

6 将蛋白饼、蛋黄饼和准备好的蔬菜均匀摆在盘子中。

7 将煎好的蛋白饼或者蛋黄饼上放上准备好的蔬菜，卷起蘸酱即可食用。

这是一道既有颜值、口味又好的鸡蛋料理，软软嫩嫩的蛋皮裹住清新爽脆的蔬菜，蘸上秘制酱汁，是不是听着就胃口大开？

便当盒里的颜值担当

小葱玉子烧

热量值参考：

⌛ 烹饪时间：20 分钟

🍱 难易程度：中

🍱 适合做便当

主料

鸡蛋4个 ｜ 牛奶20毫升 ｜ 小葱3根

配料

酱油2茶匙 ｜ 盐1/4茶匙
食用油适量

营养贴士

鸡蛋中含有一种胆碱物质，这种物质能帮助合成大脑神经递质，儿童食用有助于大脑发育，提高记忆力。

烹饪秘籍

不能心急，做好的玉子烧要冷却之后才能切出好看的横截面。

做法步骤

1 鸡蛋打散至碗中，加盐，搅拌均匀成蛋液。

2 搅拌好的蛋液过筛。

3 小葱洗净，切末。

4 蛋液中加入牛奶、葱末和酱油，再次搅拌均匀。

5 方形不粘锅刷一层薄薄的油，倒入1/4的蛋液。

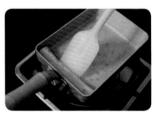

6 小火加热，用铲子慢慢往里卷，再推至边缘。

7 剩余的蛋液用同样的方法制作。

8 做好的玉子烧用寿司竹帘包起来定形。

9 放凉后切开即可。

这是一道征服男女老少的鸡蛋料理，想不出会有谁不爱这样软软嫩嫩又滋味无穷的玉子烧。但要想做好这道菜，可不是那么简单哟！

创意鸡蛋料理

鸡蛋比萨

热量值参考：▇▇▇▇　　⏳ 烹饪时间：20 分钟　　🍲 难易程度：中

 适合做便当

主料

鸡蛋2个｜小番茄4颗｜口蘑2朵

配料

马苏里拉奶酪适量｜黑胡椒碎适量
海盐适量｜食用油适量

营养贴士

小番茄既可作为蔬菜又可当作水果，
维生素含量是普通番茄的1.7倍。

烹饪秘籍

这道料理为保证鸡蛋滑嫩的口感，
熟度控制在八九成，为了安全起
见，最好选用可生食鸡蛋。

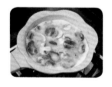

做法步骤

1　小番茄洗净，对半切开；口
蘑洗净，切片备用。

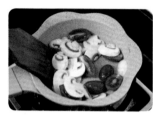

2　热锅冷油，放入小番茄和口
蘑翻炒。

3　炒至八成熟时加入海盐和黑
胡椒碎调味。

4　鸡蛋打入碗中搅拌均匀。

5　平底锅转小火，倒入蛋液，
盖上盖，小火焖熟。

6　待蛋液凝固，关火，撒上一
层马苏里拉奶酪即可。

吃腻了传统的比萨，来试试这款用鸡蛋取代面皮的新式比萨吧！色泽诱人，入口唇齿留香，令人久久不能忘怀呢！

鸡蛋能做酒？

蛋奶酒

热量值参考：▬　　　　　⌛ 烹饪时间：20 分钟　　　　🍲 难易程度：中

主料

牛奶200毫升｜肉桂1条｜蛋黄4颗

配料

炼乳4茶匙｜白糖5茶匙
香草精1茶匙｜肉豆蔻粉适量

营养贴士

牛奶是最古老的天然饮料之一，含
有丰富的蛋白质、维生素和矿物质。

烹饪秘籍

牛奶液和蛋糊要边搅拌边加入，否
则蛋液会凝固，影响口感。

做法步骤

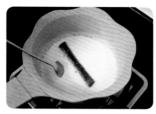

1　奶锅中加入牛奶、肉桂、炼
乳，小火煮5分钟。

2　过筛，保留光滑的牛奶液。

3　蛋黄中加入白糖和香草精，
用打蛋器搅拌成淡黄色蛋糊。

4　再次煮开牛奶液，将蛋糊分
两次加入，边加边搅打。

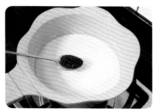

5　搅拌均匀，关火，加入肉豆
蔻粉拌匀即可。

蛋奶酒在美国很流行，是一款在寒冷的圣诞季享用的暖暖饮品。蛋奶酒既可加入酒精饮用，也可不加。这也是它能成为假日家人聚会经典饮品的重要原因。如果混合白兰地、朗姆酒等，放入冰箱，摇身一变，就能成为爽口的酒精饮品了呢！

比想象中更简单

蛋白糖

热量值参考：█████   ⧖ 烹饪时间：20 分钟   ⌂ 难易程度：中

主料

鸡蛋1个

配料

细砂糖15克 | 柠檬汁适量

营养贴士

鸡蛋中所含的营养物质都是人体必
需的，可修复人体组织、参与复杂
的新陈代谢等过程。

烹饪秘籍

蛋白糖的具体烤制时间依据自家烤
箱的脾气来判定，当蛋白糖能很轻
松取下来时，就是烤透了。

做法步骤

1　鸡蛋取蛋清，加入几滴柠
檬汁。

2　细砂糖分三次加入蛋清中
打发。

3　打发至提起有明显纹路即可。

4　将打发好的蛋白糊放入裱花
袋中。

5　烤盘铺一层烘焙纸，选一款
裱花嘴，将蛋白糖均匀挤在烤
盘上。

6　烤箱提前预热，100℃烤2
小时即可。

要想烤制一款完美的蛋白糖可不是一件容易的事情，不想让大家经历"烤制4小时，吃时1分钟"的悲惨场景，于是就有了这款简单版的蛋白糖。

鸡蛋版本的你吃过吗？

可乐饼

热量值参考：███ | ⌛ 烹饪时间：20 分钟 | 🍲 难易程度：中

 适合做便当

主料

鸡蛋2个｜土豆1个｜面粉20克
蛋液适量｜面包糠20克
牛奶30毫升

配料

奶油2茶匙｜海盐适量
黑胡椒碎适量｜食用油适量

营养贴士

鸡蛋的营养价值很高，可满足的人体的生理需要，且很容易被人体吸收。

烹饪秘籍

制作可乐饼时，要用双手压紧实，这样在油炸的时候才不会破碎。

做法步骤

1 鸡蛋冷水下锅，煮15分钟，煮熟后剥壳备用。

2 土豆去皮、切小块，放入锅中煮熟。

3 煮好的土豆和鸡蛋趁热捣碎，加入奶油搅拌均匀。

4 接着放入牛奶和适量海盐，黑胡椒碎，混合均匀。

5 混合好的土豆鸡蛋泥，用手紧紧压成椭圆形。

6 依次裹上面粉、蛋液和面包糠。

7 油锅烧热，放入可乐饼小火炸至金黄酥脆。

8 炸好的可乐饼沥干多余的油即可。

这是一道让你吃过就难以忘记的鸡蛋料理，金黄酥脆的外表下却有一颗细腻柔软的内心，一口咬下去，多种感觉在舌尖荡漾，抛开热量不谈，我可以天天吃！

记忆中的古早味
鸡蛋饼干

热量值参考：▓▓▓ ⊠ 烹饪时间：20 分钟 ⬠ 难易程度：中

 适合做便当

主料

面粉80克│鸡蛋1个│蛋黄1颗

配料

泡打粉6克│白砂糖30克
奶油40克│食用油30毫升

营养贴士

蛋黄中富含卵磷脂，可提高脑功
能，增强记忆力。

烹饪秘籍

若没有裱花袋，可以用小勺将面糊
舀在烤盘上。

做法步骤

1 将面粉和泡打粉混合均匀，
过筛1遍。

2 鸡蛋和蛋黄放入碗中，加入
白砂糖搅拌均匀。

3 奶油放入盆中，加入食用油
和蛋糊，用打蛋器搅拌均匀。

4 加入过筛好的面粉，翻拌
均匀。

5 将面糊装入裱花袋中。

6 烤盘上铺上一层烘焙油纸，
挤出直径2厘米的圆形。

7 烤箱提前预热，放入烤盘，
180℃烤10分钟即可。

只用鸡蛋和奶油就可以完成的小甜点，操作简单，味道却一点都不单一。这款古早味的小饼干，你值得拥有。

槐花蛋饼

热量值参考： ▮▮▮▮　　⧗ 烹饪时间：20 分钟　　🍲 难易程度：中

主料

槐花100克｜面粉150克｜鸡蛋2个

配料

盐1茶匙｜食用油适量

营养贴士

槐花不仅味道清香甘甜，还含有多种对人体有益的维生素和矿物质，具有清热解毒的功效。

烹饪秘籍

新鲜的槐花买回来一定要清洗干净，去除上面的小梗，只保留花瓣部分，清洗完成后要控干水分。

做法步骤

1 槐花择洗干净，放入盐水中浸泡10分钟。

2 浸泡好的槐花洗净，控干水分。

3 将槐花放入大碗中，加入鸡蛋搅拌均匀。

4 边搅拌边分次加入面粉，其间可以加适量清水。

5 搅拌好的槐花面糊加盐调味。

6 热锅冷油，倒入槐花面糊，小火慢煎3分钟至底部凝固。

7 翻面再煎3分钟，煎至两面金黄即可。

每年的四五月，都是槐花盛开的季节！空气中弥漫着素雅清淡的香气。新鲜的槐花经过简单处理，就能从观赏的花卉摇身一变，成为餐桌的美味料理！

这是一道低热量甜品，满足味蕾的同时又不用担心长胖，绝对是甜品界的良心了。抓住每年短暂的樱桃季，做一份吧。

抓住短暂的樱桃季

樱桃蛋饼

热量值参考：

⌛ 烹饪时间：30 分钟

🍲 难易程度：中

🍳 适合做便当

主料

樱桃100克 | 鸡蛋2个

配料

牛奶100毫升 | 蜂蜜1汤匙
杏仁粉50克

营养贴士

樱桃中所含有的维生素C比苹果和梨都高，多吃樱桃对女生的皮肤很好哟！

烹饪秘籍

这款甜品放凉或者复烤加热，风味都不同，但都很美味。

做法步骤

1 樱桃洗净，去核。

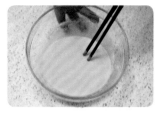

2 取一个大碗，放入牛奶、蜂蜜、鸡蛋和杏仁粉，搅拌均匀。

3 蛋糊倒入烤碗中，均匀铺上樱桃。

4 烤箱提前预热，放入烤碗，180℃烤25分钟即可。

CHAPTER

4

主食
我食素

糖三角新吃法
蔓越莓糖三角

热量值参考： ■■ ▨▨ ▨ ⏳ 烹饪时间：20 分钟 🍲 难易程度：中

 适合做便当

主料

中筋面粉300克 ｜ 白糖10克
酵母2克

配料

红糖100克 ｜ 中筋面粉20克
蔓越莓干适量

营养贴士

蔓越莓是北美三大传统水果之一，
具有高水分、低热量、高膳食纤维
的特点，深受人们喜爱。

烹饪秘籍

在红糖中加入面粉，可以防止糖三
角露馅流出，在吃的时候也不会被
热糖烫到。

做法步骤

1 300克中筋面粉中加入白糖
和酵母。

2 边搅边加入150毫升水，揉
成面团。

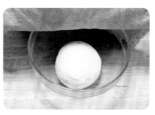

3 揉好的面团盖上干净的布，
放在温暖的地方发酵60分钟。

4 红糖和20克面粉搅拌均匀。

5 醒发好的面团均匀分成6份，
擀开。

6 取一张面皮，放入红糖馅和
蔓越莓干，包成三角形状，收
口捏紧。

7 蒸锅放上冷水，包好的糖三
角放在蒸屉上，盖上锅盖，二
次醒发20分钟。

8 大火烧开，转中火蒸15分
钟。关火再闷5分钟即可。

蔓越莓的酸与红糖的甜彼此成就，在柔软的面团下显得十分和谐。学会了这道面食，可以骄傲地与朋友们分享了！

低卡才安心
南瓜包

热量值参考：■■■ ■■■■■

⧗ 烹饪时间：20分钟

🍲 难易程度：中

 适合做便当

主料

中筋面粉240克｜南瓜100克
酵母3克

配料

无盐黄油20克｜南瓜500克
白糖20克

营养贴士

南瓜中所含有的果胶能保护胃肠道
黏膜，还能加强胃肠蠕动，帮助食
物消化。

烹饪秘籍

面皮不要擀得太薄，以免系上绳子
后皮会破。不同的南瓜含水量不
同，具体面粉量按自家南瓜酌情
加减。

做法步骤

1 南瓜洗净削皮，切小块，放
入蒸锅蒸20分钟至熟。

2 锅烧热，放入黄油融化，加
入500克南瓜泥和白糖，翻拌
至黏稠。关火，放凉。

3 在100克南瓜泥中加入面
粉、酵母和50毫升水，拌匀。

4 揉成面团，盖上盖子，放温
暖的地方发酵60分钟。

5 醒发好的面团均匀分成6
份，每份擀成包子皮。

6 包入南瓜馅，收口朝下捏紧。

7 取四条棉绳，摆成米字型，
放上南瓜包，提起棉线系好。

8 将南瓜包放在冷水蒸锅
中，盖盖，二次醒发20分钟。

9 大火烧开，转中火蒸15分
钟。关火再闷5分钟即可。

与市面上常见的南瓜包不用，这里我们用南瓜馅取代了红豆馅，口感更加细腻，热量也会降低不少。小巧又可爱的南瓜包，快来试试吧！

季节限定的美味
春烧卖

热量值参考： ▇▇ ▢▢ ▢▢

⧗ 烹饪时间：20 分钟

🍲 难易程度：中

 适合做便当

主料

香菇100克 | 春笋100克 | 豌豆50克
糯米100克 | 饺子皮适量

配料

食用油适量 | 生抽1茶匙
蚝油1茶匙

营养贴士

春笋是高蛋白、低脂肪、低淀粉、
多纤维的超级营养食材，是减脂人
群的理想食物。

烹饪秘籍

春笋现吃现剥壳，剥好壳的笋要冷
水入锅，焯一下，去除苦涩味。

做法步骤

1 糯米洗净，提前1小时泡水。

2 盘子中铺上一层烘焙纸，放
上泡好的糯米。

3 蒸锅放足量冷水，放上糯
米，蒸20分钟。

4 香菇洗净，去蒂，切丁；春
笋剥壳，切丁。

5 春笋丁冷水下锅，煮2分钟，
捞出控干水分。

6 热锅冷油，放入香菇、笋丁
和豌豆翻炒均匀，加入生抽和
蚝油调味。

7 放入蒸好的糯米饭，炒散，
完全与食材搅拌均匀。

8 饺子皮边缘擀开，擀成烧
卖皮。

9 放上糯米馅，用虎口收紧，
包好。

10 包好的烧卖入蒸锅，蒸10~
12分钟即可食用。

在传统的糯米饭中加入
了丰富的配料，营养更加均
衡，口感也得到了很好的提
升。春天，春笋正当季，做
春烧卖最适合不过了。

令你元气满满
元气蒸饺

热量值参考： ■ ■ ■ ■　　　⧗ 烹饪时间：20分钟　　　🍲 难易程度：中

 适合做便当

主料

饺子皮适量｜粉丝20克｜木耳5克
胡萝卜50克｜鸡蛋2个

配料

食用油适量｜生抽1茶匙
蚝油1茶匙｜十三香适量

营养贴士

胡萝卜中含有丰富的膳食纤维，可
润肠通便，加快胃肠蠕动。

烹饪秘籍

蒸饺好吃的秘诀在于皮薄馅大，为
了节省时间，饺子皮可以选用机器
压制的。

做法步骤

1 粉丝和木耳分别泡发。

2 将泡发好的粉丝和木耳切碎。

3 胡萝卜削皮，用擦丝器擦成
细丝，然后剁碎。

4 鸡蛋打散至碗中，搅拌均
匀，放入锅中炒散，盛出备用。

5 将鸡蛋碎、胡萝卜、粉丝和
木耳放在大碗里，加生抽、蚝
油和十三香调味，放上适量食
用油，搅拌均匀。

6 取饺子皮，放上馅料包好。

7 蒸锅放入足量冷水，放上包
好的饺子，大火煮开，转小火
蒸15分钟即可。

不用担心热量超标的肉类给身体带来负担，多种蔬菜任意搭配组合，得到的是丰富的口感与营养的满足。元气蒸饺，吃完真的是元气满满！

真正的外酥里嫩
香酥葱油饼

热量值参考：■■ ■■
⧖ 烹饪时间：20 分钟
🍲 难易程度：中

 适合做便当

主料

中筋面粉200克

配料

中筋面粉20克 ｜ 盐1茶匙
食用油80毫升 ｜ 小葱碎适量

营养贴士

小葱中所含有的大蒜素有抵御细菌、病毒的功效。除此之外，食用小葱还能健脾开胃、增强食欲。

烹饪秘籍

烫油酥的时候用热油，起酥效果会更好一些。

做法步骤

1 200克面粉倒入盆中，边搅边加入100毫升开水。

2 再加入50毫升冷水，搅拌均匀，和成面团。

3 盖上布，醒发30分钟。

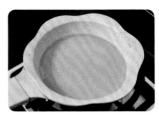

4 锅烧热，倒入食用油，加热。

5 取一个碗，放入20克中筋面粉、盐和热油，快速搅匀，凉透成油酥。

6 醒好的面团均匀分成4份。

7 擀开，均匀涂抹上一层油酥，撒上小葱碎。

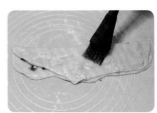

8 对折后再涂抹一层油酥。

9 从底部卷起，压扁，擀成薄饼。

10 平底锅烧热，倒油，放入葱油饼，煎至两面金黄即可出锅。

这款地道的家常主食，你们一定不能错过。每次多烙一些饼，放入冰箱冷冻保存，作为早餐或者正餐的主食都超级棒呢！

玉米的新吃法
玉米粑粑

热量值参考：■■■ ▨▨ ▨▨　　　⧗ 烹饪时间：20 分钟　　　🥘 难易程度：中

 适合做便当

主料

玉米1根

配料

糯米粉20克｜白糖10克
玉米叶子适量

营养贴士

玉米中的膳食纤维含量是小麦的5~10
倍，维生素、矿物质的含量也很丰富。

烹饪秘籍

如果没有擦丝器，就用刀将玉米粒
切碎，尽量不要用料理机，否则会
影响口感。

做法步骤

1　玉米叶子洗净，控干水分备用。

2　用擦丝器将玉米粒擦成糊状。

3　擦好的玉米糊放入糯米粉和
白糖，搅拌均匀。

4　蒸锅倒入凉水，蒸屉上摆上
玉米叶子。

5　将准备好的玉米糊舀在玉米
叶子上。

6　大火烧开，转中火蒸20分
钟即可。

玉米粑粑也叫苞谷粑，在西南地区十分流行，是一种用玉米为原材料制作的小吃。口感软糯，低卡又营养，受到越来越多的人喜爱。

吃不腻的嫩饼
韭菜蛋饼

热量值参考： ▆▆▆ ▢▢ ▢▢　　　⌛ 烹饪时间：20 分钟　　　☐ 难易程度：中

 适合做便当

主料

韭菜60克 | 鸡蛋1个 | 面粉40克

配料

盐1/4茶匙 | 食用油适量

营养贴士

韭菜独特的辛香味是由韭菜中含有的硫化物形成的，有助于提高人体免疫力。

烹饪秘籍

煎蛋饼的时候要全程保持小火，待饼周围微微起卷起即可翻面。

做法步骤

1 韭菜洗净，切碎备用。

2 鸡蛋打散至碗中，加入面粉、韭菜和140毫升水，搅拌均匀。

3 加入盐调味。

4 平底锅烧热，刷一层薄薄的油，倒入面糊摊平。

5 待底部凝固，翻面，小火煎熟即可。

比起普通的蛋饼，我更喜欢加入满满蔬菜的饼，口感和味道都很棒呢。无论是老人还是小孩都会爱上这款超柔软蛋饼。

时蔬凉面

热量值参考：▆▆▆▆ ▭▭ ▭▭   ⌛ 烹饪时间：20 分钟   🍲 难易程度：中

主料

豆芽50克｜苋菜30克｜意面50克

配料

橄榄油适量｜生抽1茶匙
陈醋2茶匙｜香油适量
辣椒油适量｜花椒油适量｜盐少许

营养贴士

苋菜的营养价值极高，含丰富的铁和钙，有"七月苋，金不换"的民间俗语。

烹饪秘籍

不同于传统意义上的拌面，这款拌面用意面作为主食材，口感会更加筋道爽滑。

做法步骤

1 锅中烧开水，加一点盐，放入意面煮15分钟。

2 煮好的意面捞出，过两遍凉水，淋上橄榄油，搅拌备用。

3 豆芽和苋菜洗净。

4 锅中烧开水，分别放入豆芽和苋菜焯水，捞出，控干水分。

5 焯好水的豆芽和苋菜放入意面中，加入生抽、陈醋、香油、辣椒油和花椒油，搅拌均匀即可。

炎热的夏季没有胃口？来试试这款爽口的凉面，酸辣的酱汁包裹住弹牙的面条，想想都流口水呢！

中西合璧的美味
茄丁焗面

热量值参考： ▰▱▱ ⊠ 烹饪时间：20 分钟 ⌂ 难易程度：中

 适合做便当

主料

管状意面50克｜茄子1根
彩椒40克｜马苏里拉奶酪适量

配料

蚝油1茶匙｜海盐适量
黑胡椒碎适量｜橄榄油适量

营养贴士

茄子中含有维生素E，常吃茄子有助
于延缓衰老、减少皱纹，深受女性
朋友们的喜爱。

烹饪秘籍

茄子比较吸油，因此在炒制过程中要
适当多放一些油，小火煸炒。若减脂
期控制油的摄入，可把茄子放入微波
炉中，中高火转3分钟也可以。

做法步骤

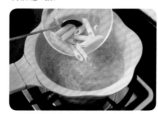

1 锅中烧开水，加一点盐，放
入管面煮8分钟。

2 茄子和彩椒洗净，切丁。

3 热锅冷油，放入茄丁和彩椒
炒香。

4 加入煮好的意面，放入蚝
油、海盐和黑胡椒碎调味。

5 炒好的意面放入烤碗中，撒
上一层马苏里拉奶酪。

6 烤箱提前预热，放入烤碗，
180℃烤10分钟即可。

中式的调味和西式的食材结合，会碰撞出怎样的火花？尝尝这碗茄丁焗面就知道啦！

健康才是硬道理
罗勒蔬菜意面

热量值参考：■■ ■■ ■■　　　⧗ 烹饪时间：20 分钟　　　🍲 难易程度：中

 适合做便当

主料

全麦管状意面 | 青豆20克
胡萝卜20克 | 紫甘蓝30克

配料

蚝油1茶匙 | 海盐适量
黑胡椒碎适量 | 橄榄油适量

营养贴士

紫甘蓝属于高纤维、低热量的食材，还含有丰富的叶酸，孕妈妈可以经常食用。

烹饪秘籍

意面煮至八成熟再快炒，口感最佳，如果煮至全熟，再经历后续炒制，意面会发软，失去爽滑的口感。

做法步骤

1 锅中烧开水，加一点盐，放入管面煮8分钟。

2 胡萝卜去皮，切小丁；紫甘蓝洗净，切细丝。

3 热锅冷油，放入胡萝卜、紫甘蓝和青豆炒软。

4 加入煮好的意面，舀入两勺意面汤。

5 放入蚝油、海盐和黑胡椒碎调味。

6 转大火收干汤汁即可。

虽然全麦意面的口感比不上普通意面，但它所能提供的膳食纤维量却是普通意面的2倍。在追求健康饮食的当下，越来越多的人开始喜欢全麦意面了。

还原日料店的美味

日式时蔬炒面

热量值参考：▰▰▰ ▱▱　　　　⧗ 烹饪时间：20 分钟　　　　🍲 难易程度：中

 适合做便当

主料

日式炒面用拉面｜1包圆白菜100克
胡萝卜30克｜大蒜4瓣

配料

食用油适量｜生抽1茶匙
蚝油1茶匙

营养贴士

胡萝卜含有大量的维生素A，能减少
眼部疲劳与干涩，电脑族要多食用
哦。维生素A也是婴幼儿骨骼生长发
育的必需物质。

烹饪秘籍

如果没有炒面，可以用拉面，也可用
普通的面条，但需要先煮熟。面条煮
好后过几遍凉水，加入香油搅拌均
匀，防止粘连。

做法步骤

1 圆白菜切细丝；胡萝卜削皮，
切细丝。

2 拉面提前散开。锅烧热，加
少许油，放入拉面，先小火煎
散，盛出备用。

3 锅重新放油，放入蒜片炒
香，加入圆白菜和胡萝卜翻炒。

4 放入生抽、蚝油调味，放入
拉面，翻拌一下。

5 加少量清水，盖上锅盖，大
火焖一两分钟。

6 待汤汁完全收干即可。

这款炒面好吃的秘诀在于面条采用的是日本专用炒面面条，而不是普通面条，口感更加筋道，在炒制过程中使用的油也会少很多。至于配菜嘛，喜欢什么放什么！

黑椒菌菇饭

热量值参考：　　　　　　　⧗ 烹饪时间：20 分钟　　　　🍲 难易程度：中

 适合做便当

主料

口蘑6朵｜杏鲍菇1根｜香菇4朵
洋葱1/2个｜西蓝花30克｜米饭1碗

配料

黑胡椒酱2茶匙｜蚝油1茶匙
盐适量｜食用油适量

营养贴士

西蓝花中的维生素含量很高，不仅有利于生长发育，也能提高人体的免疫力。

烹饪秘籍

西蓝花煮太久会丧失口感，因此在最后放入，煮大约1分钟。

做法步骤

1　西蓝花提前30分钟泡盐水，冲洗干净备用。

2　口蘑对半切开；杏鲍菇切滚刀块；香菇对半切开；洋葱切小块。

3　热锅冷油，放入洋葱炒香。

4　加入口蘑、杏鲍菇、香菇翻炒，放入蚝油和黑胡椒酱调味。

5　加水没过食材，大火煮开，转小火煮10分钟。

6　放入西蓝花再煮1分钟，汤汁浓郁即可出锅。

7　盛一碗米饭倒扣在盘中，盖上炒好的黑椒菌菇即可。

除了牛柳，跟黑胡椒最搭的，我想一定是菌菇了，拥有肉般紧实的口感，搭配浓郁的黑胡椒酱，这样煮出来的菜，过瘾解馋，不输肉食！

一口气能吃两碗
日式菌菇蟹味饭

热量值参考： 🔲🔲⬜⬜⬜　　🕐 烹饪时间：20 分钟　　🍲 难易程度：中

 适合做便当

主料

大米100克｜蟹味菇100克
胡萝卜1/4根｜小葱1根

配料

酱油2茶匙｜料酒2茶匙
鸡汁2茶匙｜黄油10克

营养贴士

菌菇营养丰富，富含多种矿物质及生物活性物质，有增强免疫力等功效。

烹饪秘籍

饭煮好后不要立即打开锅盖，再焖5分钟，米饭会更加软糯。

做法步骤

1 大米淘洗干净。小葱切葱花。

2 蟹味菇洗净，去蒂；胡萝卜切成细丝。

3 大米淘洗干净，放入电饭煲内，放入煮饭量的水。

4 加入酱油、料酒和鸡汁搅拌均匀。

5 将胡萝卜和蟹味菇平铺在上面，盖上锅盖，按下煮饭键。

6 在煮好的米饭中趁热加入黄油搅拌均匀。

7 撒上葱花即可。

刚焖好的饭趁热加入黄油搅拌至融化，大大提升了口感，入口丝滑，回味无穷。

不好吃你找我
时蔬咖喱饭

热量值参考：■■■ ■■ ▨▨　　⧖ 烹饪时间：20 分钟　　🍲 难易程度：中

 适合做便当

主料

米饭1碗｜口蘑5朵｜胡萝卜50克
土豆1个｜莲藕50克｜洋葱1/2个

配料

咖喱块40克｜食用油适量

营养贴士

咖喱的主要成分是姜黄粉，能促进
胃液的分泌，增加肠胃蠕动，从而
增强食欲。

烹饪秘籍

想要洋葱充分发挥它的风味，一定
要用小火耐心将洋葱炒至微微焦的
状态。

做法步骤

1 洋葱切块；口蘑对半切开；
胡萝卜、土豆和莲藕削皮，切
成跟口蘑大小相当的滚刀块。

2 热锅冷油，放入洋葱炒至
微焦。

3 加入土豆、胡萝卜、莲藕、
口蘑翻炒。

4 加水没过食材，大火煮开，
转小火煮20分钟。

5 煮至土豆变软，放入咖喱块
再煮5分钟。

6 煮至咖喱微微浓稠即可关火。

7 米饭倒扣在碗中，浇上煮好
的咖喱时蔬即可。

一直都很喜欢吃咖喱，之前对咖喱牛肉、咖喱鸡腿更是难以割舍，后来慢慢发现，好吃的不是牛肉、鸡腿，而是咖喱本身。即使放满蔬菜的咖喱依旧非常美味，不信你试试？

好吃到停不下来！

五谷拌饭

热量值参考： ■■■ □□ □□ 　　烹饪时间：20 分钟　　难易程度：中

 适合做便当

主料

糙米70克 ｜ 燕麦米30克
藜麦50克 ｜ 大米70克 ｜ 紫米20克
胡萝卜30克 ｜ 洋葱1/4个
芹菜30克 ｜ 口蘑4朵

配料

盐1/4茶匙 ｜ 黑胡椒碎
适量食用油适量

营养贴士

与白米相比，糙米更好地保留了稻谷的营养，对人体十分有好处。

烹饪秘籍

为了让糙米、燕麦米和藜麦的口感更好，最好提前一晚泡水。

做法步骤

1 提前一晚将糙米、燕麦米和藜麦泡水。大米和紫米淘洗净。

2 将全部米一起放入电饭锅，按1：1的比例加水煮饭。

3 胡萝卜削皮，切小丁；洋葱切丁；芹菜切小段；口蘑一分为四切开。

4 热锅冷油，放入洋葱炒至微焦。

5 放入胡萝卜、芹菜和口蘑翻炒。

6 加入盐、黑胡椒碎炒熟。

7 碗中盛入煮好的米饭，放入炒熟的蔬菜。

8 搅拌均匀即可食用。

为了追求健康的身体、好看的线条，越来越多的人开始尝试健康饮食。多吃粗粮、多吃蔬菜成为了共识。这款五谷拌饭就是最好的选择了！

韩剧里走出来的美味

韩式素拌饭

热量值参考：▰▱▱▱▱　⏳ 烹饪时间：20 分钟　　🍲 难易程度：中

主料

大米100克 ｜ 西葫芦半根
胡萝卜30克 ｜ 菠菜30克 ｜ 鸡蛋1个
香菇2朵

配料

韩式辣酱2茶匙 ｜ 酱油1茶匙
白糖1/2茶匙 ｜ 香油适量

营养贴士

菠菜中的铁元素要高于其他蔬菜，
还含有大量的叶酸，对人体健康十
分有好处。

烹饪秘籍

在炒制蔬菜的时候，用香油代替普
通食用油，味道会更香，这也是这
道料理的精华所在。

做法步骤

1　大米淘洗干净，放入电饭煲
内，按1：1.2的比例加水煮饭。

2　胡萝卜削皮切细丝；香菇切
片；西葫芦切丝；菠菜切段。

3　热锅放入香油，分别放入胡
萝卜、香菇、西葫芦炒熟，盛
出备用。

4　锅中烧开水，放入菠菜焯
熟，挤干水分备用。

5　碗中放入韩式辣酱、酱油、
白糖和香油拌匀成拌饭酱。

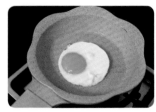

6　平底锅烧热，放入鸡蛋，单
面煎熟即可。

7　煮好的米饭放入大碗中，摆
上准备好的蔬菜，放上鸡蛋。

8　舀上拌饭酱，拌匀即可。

这是一款韩剧中经常出现的经典韩式拌饭。准备米饭和喜欢吃的时蔬，再注入灵魂拌饭料，充分搅拌均匀，一口吃下，倍感满足！

不要让砂锅闲置

菌菇蔬菜砂锅粥

热量值参考：■■■■□□□   ⌛ 烹饪时间：20 分钟   🍲 难易程度：中

主料

大米20克｜糙米10克｜香菇4朵
芹菜30克

配料

盐1/4茶匙｜小葱2根
白胡椒粉适量

营养贴士

由于香菇中含有人体必需的脂肪
酸，有助于降低血脂和胆固醇，深
受人们喜爱。

烹饪秘籍

用砂锅煮粥的时候，为防止溢出
来，可以多放一些水，开锅盖小火
慢煮。

做法步骤

1 大米和糙米淘洗干净。

2 放入砂锅中，加水大火煮开，
转小火煮20分钟。

3 香菇切片；芹菜切段；小葱
切末。

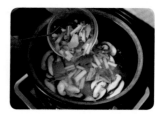

4 将香菇、芹菜放入煮好的粥
里，再煮10分钟。

5 放入盐和白胡椒粉调味。

6 出锅前放入葱花搅拌均匀
即可。

砂锅粥是我日常很喜欢
做的一款粥，只需要搭配一
点小菜就可以搞定一餐饭。
在寒冷的冬季，暖心又暖胃。

能量满格
时蔬燕麦粥

热量值参考： ▨▨▨ ▨▨ ▨▨ ⌛ 烹饪时间：20 分钟   🍲 难易程度：中

主料

燕麦100克｜西葫芦30克
玉米粒30克｜胡萝卜20克

配料

海盐适量｜黑胡椒碎适量
橄榄油适量｜海苔碎适量

营养贴士

燕麦能提供长久的能量，增加饱腹
感，减少用餐次数，适合减肥人士
食用。

烹饪秘籍

燕麦煮制的时间可依据自家燕麦情
况调节，若快熟燕麦则要缩短煮的
时间。

做法步骤

1 锅中烧开水，放入燕麦，转
小火煮15分钟。

2 西葫芦洗净，切小丁；胡萝
卜削皮，切小丁。

3 热锅冷油，放入胡萝卜、西
葫芦和玉米粒翻炒均匀。

4 快熟时候，加入海盐和黑胡
椒碎调味。

5 将煮好的燕麦粥盛入碗中，
放上炒好的时蔬。

6 撒上海苔碎，即可食用。

不同于传统的甜口燕麦粥，这款是能量满满的蔬菜粥。提供碳水化合物的同时，又有丰富的口感。偏爱咸口的朋友们可一定不要错过。

减脂期也能安心享用

墨西哥奶酪饼

热量值参考：███ ░░░ ░░░　　　⧖ 烹饪时间：20 分钟　　　🍲 难易程度：中

 适合做便当

主料

卷饼1张｜口蘑2个
洋葱1/4个

配料

马苏里拉奶酪适量｜海盐适量
黑胡椒碎适量｜食用油适量

营养贴士

口蘑中含有大量的膳食纤维，具有
防止便秘、排毒养颜的作用，是一
款很健康的低热量食材。

烹饪秘籍

墨西哥奶酪饼对于食材的包容性很
强，可以将口蘑换成其他喜欢的蔬菜。

做法步骤

1　口蘑洗净，切片；洋葱切碎。

2　热锅冷油，放入洋葱炒香。

3　加入口蘑翻炒，放入海盐、
黑胡椒碎翻炒。

4　取一张卷饼，将炒好的口蘑
洋葱铺上。

5　再均匀撒上马苏里拉奶酪，
对折。

6　烤箱提前预热，放入卷饼，
180℃烤5分钟即可。

墨西哥卷饼是我家日常必备，它可以延伸出多种不同的菜式，无论中式还是西式都非常美味。把想吃的食材统统卷在里面，关键是做法还足够简单。

自由组合

奶酪蘑菇开放三明治

热量值参考： ▬▬ ▭▭ ▭▭　　　⊠ 烹饪时间：20 分钟　　　🥘 难易程度：中

 适合做便当

主料

吐司1片｜口蘑4个｜洋葱1/4个
胡萝卜30克

配料

橄榄油适量｜黑胡椒碎适量
马苏里拉奶酪适量

营养贴士

口蘑具有排毒、促进肠蠕动、降低
胆固醇的功效，是一款营养与口味
都极佳的食材。

烹饪秘籍

将开放三明治中的切片吐司换成欧
包或者贝果都可以。

做法步骤

1　口蘑切片；洋葱切片；胡萝
卜削皮、切片。

2　热锅冷油，放入洋葱炒香。

3　加入口蘑和胡萝卜翻炒。

4　加入黑胡椒碎调味。

5　取一片吐司，放上炒好的蔬
菜，均匀撒上马苏里拉奶酪。

6　烤箱提前预热，放入吐司，
180℃烤10分钟即可。

开放三明可以任意添加自己喜欢的食材，看得见、吃得到，是吃货最幸福的时刻了，快来试试吧！

 这是一道来自美国的招牌奶酪吐司，无论是作为早餐或者配餐小点心，都十分合适呢！经过烘烤的奶酪软软地融化开，那是一种会让人上瘾的滋味。

吃过一次就爱上
奶酪吐司

热量值参考：▰▰ ▱▱▱
⏳ 烹饪时间：20 分钟
☖ 难易程度：中

🍱 适合做便当

主料
吐司2片｜马苏里拉奶酪适量
切达奶酪适量

配料
蜂蜜芥末酱1茶匙

营养贴士

奶酪保留了牛奶中最精华、最有价值的部分，营养价值很高，被人们誉为"乳品界的黄金"。

做法步骤

1 切片吐司去边。

2 奶酪用刨丝器刨成碎末。

3 取一片吐司，涂上蜂蜜芥末酱，撒上切达奶酪碎和马苏里拉奶酪。

烹饪秘籍

若没有三明治机，可以用平底锅或者电饼铛代替，刷上一层薄薄的油，小火慢慢煎。

4 盖上另一片吐司。

5 放入三明治机中，加热5分钟。

6 取出，对半切开即可。

CHAPTER

5

打开素食
点心盒

网红界的小零食

仙豆糕

热量值参考：

⌛ 烹饪时间：20 分钟

难易程度：中

适合做便当

主料

全蛋液50克｜玉米淀粉40克
低筋面粉110克｜黄油40克
白糖20克

配料

紫薯300克｜黄油20克｜炼乳30克
白糖20克｜马苏里拉奶酪适量

营养贴士

紫薯中含有多种矿物质元素和氨基酸，经常食用紫薯能增强身体的免疫力。

烹饪秘籍

由于仙豆糕中加入了马苏里拉奶酪，因此要趁热吃才有最佳口感。

做法步骤

1 紫薯洗净、去皮，切成薄片，放入锅中蒸熟，趁热压成紫薯泥。

2 碗中放入紫薯泥，加入20克液状黄油、炼乳、白糖，戴上一次性手套，完全拌匀成紫薯馅。

3 将白糖和40克黄油隔水加热，搅拌至融化，自然冷却。

4 玉米淀粉和低筋面粉混合过筛。

5 面粉中加入全蛋液和黄油，揉成光滑的面团。

6 将紫薯馅均分成小份，包上马苏里拉奶酪，搓成小圆球。

7 面团分成小剂子，擀成饺子皮状，放上紫薯馅。

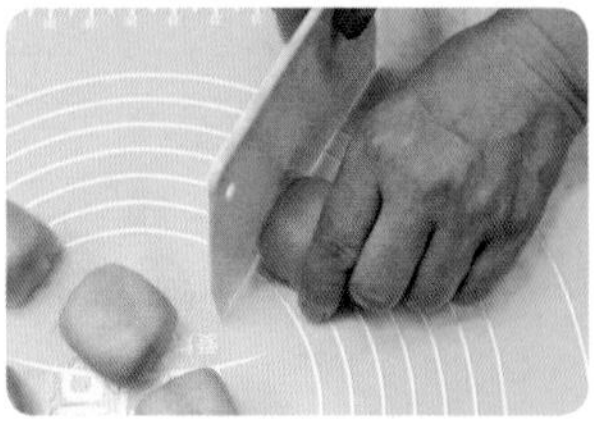

8 包起来，揉成圆球。再利用刮板将仙豆糕整形成正方体。

9 平底锅烧热，刷一层薄薄的油，放入仙豆糕。

10 将每面煎至发白、快速定形，再小火煎至金黄即可。

🍅 仙豆糕，原名虎皮饽饽，是一道传统的老北京小吃。不知从什么时候起，街上卖仙豆糕的小店都排起了长队，不想凑热闹？那就在家自己还原吧！

全麦核桃司康

热量值参考： ■■ □□□   ⏳ 烹饪时间：20 分钟   🍲 难易程度：中

 适合做便当

主料

低筋面粉100克 | 全麦粉20克
豆浆50毫升 | 核桃仁20克

配料

白糖3茶匙 | 泡打粉6克
椰子油20毫升

营养贴士

核桃富含不饱和脂肪酸，有补脑健脑的作用。秋季是食用核桃的最佳季节。

烹饪秘籍

司康切忌过度搅拌揉搓，加入核桃仁后，用小铲子翻拌成团即可。

做法步骤

1 低筋面粉和全麦粉混合均匀，过筛，放入碗中。

2 加入白糖和泡打粉混合均匀。

3 加入椰子油、豆浆，用刮刀翻拌的方式搅拌。

4 加入核桃仁，整理成面团。

5 将面团擀开、折叠，反复五六次。

6 最终擀成2.5毫米厚的面饼，等量分成小圆饼。

7 烤箱提前预热，放入烤箱，180℃烤20分钟即可。

司康是我个人很喜欢的一款小点心，热量低、口感好。充满阳光的午后，一杯咖啡配上一块新鲜出炉的司康，很令人向往呢！

满满都是健康的味道
西蓝花奶酪饼

热量值参考：▬▬ ▭ ▭ | ⌛ 烹饪时间：20 分钟 | 🍲 难易程度：中

 适合做便当

主料

西蓝花340克 | 鸡蛋1个 | 洋葱30克

配料

切达奶酪100克 | 面包糠180克
迷迭香20克 | 黑胡椒碎适量
橄榄油适量 | 盐少许

营养贴士

西蓝花中含有大量的硒。硒具有抗
癌、抗老化、增强免疫力等功能，同
时还有助于预防高血压、心脏病等。

🍳 烹饪秘籍

喜欢吃带有颗粒感的，可以将西蓝花
和洋葱直接切碎，与其他调料拌匀。

做法步骤

1 西蓝花切成小朵，泡盐水30
分钟，洗净，沥干水分。

2 锅中烧开水，放入西蓝花焯
1分钟，捞出，控干水分。

3 将西蓝花、鸡蛋、面包糠、
洋葱、迷迭香和奶酪一起放入
料理机中，搅打均匀。

4 搅打好的西蓝花糊加黑胡椒
碎调味。

5 烤盘铺上一层烘焙纸，将
西蓝花糊捏成小块，放在烤盘
上，淋上适量橄榄油。

6 烤箱提前预热，180℃烘烤
20分钟即可。

这是一款孩子与大人都很喜欢吃的小零食。以西蓝花为主食材的点心，热量低，营养价值却很高！做法简单、口味佳，实在没有理由不爱呢！

经典的味道
水果松饼

热量值参考： 　　　⏳ 烹饪时间：20 分钟 　　　🍲 难易程度：中

 适合做便当

主料

香蕉1根 | 鸡蛋1个 | 高筋面粉60克
低筋面粉60克 | 牛奶100毫升

配料

泡打粉2克 | 小苏打10克
蓝莓适量 | 杏仁片适量 | 蜂蜜适量

营养贴士

香蕉中富含镁，镁具有消除疲劳的
效果，工作、学习强度大以及压力
大的朋友们可以经常食用。

烹饪秘籍

香蕉一定要选熟透的，微微发黑的
口感最佳，生的香蕉会影响口感。

做法步骤

1 香蕉剥皮，用叉子压成泥。

2 鸡蛋打入碗中，加入香蕉
泥、高筋面粉、低筋面粉和牛
奶，搅拌成面糊。

3 加入小苏打和泡打粉搅拌
光滑。

4 平底不粘锅烧热，不刷油，
舀入一勺面糊，小火慢煎。

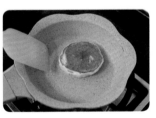

5 待表面有气泡即可翻面，再
煎十几秒即可出锅。

6 依次煎完剩下的松饼。

7 将煎好的松饼放入盘子中，
摆上蓝莓和杏仁片。

8 淋上蜂蜜即可。

阳光正好的周末，睡个懒觉，起床后为自己准备一顿丰盛的早午餐，犒劳一下辛苦工作一周的身体吧！

吐司原来这么好吃
法式蛋奶吐司

热量值参考：▰▱▱ ▱   ⌛ 烹饪时间：20 分钟   🍲 难易程度：中

 适合做便当

主料

吐司2片 | 鸡蛋1个 | 牛奶30毫升

配料

椰子油10毫升

营养贴士

椰子油的油脂由中链脂肪酸组成，中链脂肪酸分子小，很容易被人体吸收，对人体的负担也相对小很多。

烹饪秘籍

如果没有椰子油，也可以用黄油代替，在煎的过程中要注意全程保持小火。

做法步骤

1 鸡蛋打散，和牛奶放入盘中，搅拌均匀成蛋奶液。

2 将吐司放入蛋奶液中，两面均匀裹上蛋奶。

3 盖上一层保鲜膜，放入冰箱冷藏过夜。

4 平底锅烧热，放入椰子油。

5 转小火，放入吐司，小火煎至两面金黄即可。

6 做好的法式吐司可以搭配蜂蜜或者酸奶莓果一起食用。

浓浓的蛋奶液包裹着吐司，经过一夜的浸泡，最精华的部分都浸入到吐司中，软软嫩嫩，用来做早餐再合适不过！

情人节必备

果干巧克力

热量值参考： ▥▥▥▥ 　　　⧗ 烹饪时间：20 分钟 　　　🍲 难易程度：中

主料

黑巧克力150克｜白巧克力150克

配料

葡萄干适量｜陈皮糖适量
杏仁适量｜腰果适量

营养贴士

坚果是一种高膳食纤维的食物，吃完会有很强烈的饱腹感，深受减肥人士的喜欢。

烹饪秘籍

用刀先将果干和坚果切碎，再加入巧克力中，这样做出来的口感会更好。

做法步骤

1 将所有材料分别切成碎末。

2 方形烤盘铺上一层烘焙纸。

3 将黑巧克力隔水融化后倒在烤盘里，表面尽量涂抹均匀。

4 凉凉后放入冰箱，冷藏30分钟。

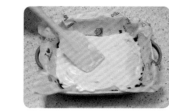

5 白巧克力隔水融化，倒在已凝固的黑巧克力上，表面尽量涂抹均匀。

6 把切好的果干、坚果碎和陈皮糖均匀撒在白巧克力上，轻轻按压进去。

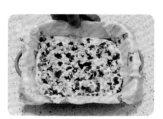

7 冷却后放入冰箱冷藏。

8 冷藏至彻底凝固，切成喜欢的大小即可。

拥有丰富水果干和坚果的巧克力，口感和视觉都让人无法拒绝。这样的巧克力无论用来招待客人，或是作为礼物送给喜欢的人，都非常合适呢！

只需一口平底锅
红糖奶酪年糕

热量值参考： ▬▬ ▭ ▭
⧖ 烹饪时间：20 分钟
🍲 难易程度：中

主料

糯米粉200克｜奶酪片适量

配料

红糖1块｜食用油适量

营养贴士

红糖中含有叶酸，能促进血液循
环、刺激人体的造血功能。经常食
用红糖，对我们肌肤摄取营养、水
分都很有好处。

烹饪秘籍

做好的年糕一定要趁热吃才有爆浆
的口感。这里我用的是奶酪片，比
较方便，也可以用马苏里拉奶酪进
行替换。

做法步骤

1 糯米粉放入碗中，加入160
毫升开水，边加边搅拌，揉成
光滑的面团。

2 奶酪片切小块。

3 揉好的面团均匀分成10等份。

4 取一块面团，用手慢慢压
扁，包入奶酪片。

5 捏成圆球，再按扁成小圆
饼。依次做完剩下的。

6 热锅冷油，放入年糕小火煎。

7 煎至两面金黄即可。

8 红糖加适量热水溶化，放入
锅中熬至浓稠。

9 将熬好的红糖浆淋在年糕上
即可。

有没有人跟我一样，对软软糯糯甜甜的东西没有抵抗力？那这款红糖奶酪年糕一定不要错过，口口爆浆的感觉，不想试试吗？

阴雨天里的最好慰藉

桂花酒酿小圆子

热量值参考：▬▬ ▭▭ ▭▭　　⧗ 烹饪时间：20 分钟　　🍲 难易程度：中

主料

小圆子30颗左右｜酒酿2汤匙

配料

干桂花适量｜藕粉20克
枸杞子少许

营养贴士

小圆子由糯米制成，糯米具有健脾
养胃的作用，可适量食用。

烹饪秘籍

煮小圆子的水一定要煮滚，再放入
小圆子。如何判断熟没熟？小丸子
煮至浮起来就是熟了！

做法步骤

1 锅中烧开水，放入酒酿，大
火煮开。

2 放入小圆子，煮至小圆子浮起。

3 藕粉加少量清水，搅拌均匀。

4 淋入锅中，快速搅拌均匀。

5 待小圆子汤汁浓稠，加入桂
花和枸杞子。

6 搅拌均匀，关火即可。

酒酿小圆子是江南地区的传统小吃。每一口都能吃出江南的温润、清香和绵软醇厚。没时间去江南，但江南的美食可以在家还原！

苹果还能这么吃?

果干烤苹果

热量值参考： ■■■ ░░░   ⊠ 烹饪时间：20 分钟   🍲 难易程度：中

主料

苹果1个 | 杏干2个 | 腰果6颗
杏仁片6克

配料

蜂蜜1茶匙

营养贴士

苹果富含多种微量元素，可以促进
人体的新陈代谢，使皮肤润滑、光
泽，减少皱纹，常吃有美容的功效。

烹饪秘籍

烤好的苹果自然凉凉至温热状态，
口感最佳。

做法步骤

1 苹果洗净，切掉顶部。

2 挖出果肉和果核部分。

3 将苹果肉、杏干、腰果和杏
仁片切碎。

4 加入蜂蜜搅拌均匀。

5 混合好的食材重新放入苹
果中。

6 烤箱提前预热，180℃烤20
分钟即可。

直接吃苹果没新意？那一定不要错过这款甜甜软软的烤苹果。家常必备的水果，摇身一变，也能成为网红创意料理，快来试试吧！

女生最爱的小零食

糯米枣

热量值参考：▰▱▱
⌛ 烹饪时间：20 分钟
🍲 难易程度：中

主料

红枣15颗｜糯米粉30克

配料

白糖1/2茶匙

营养贴士

红枣中含有丰富的维生素C，能够促进细胞代谢，防止黑色素沉着。经常食用红枣可有效预防贫血，使肌肤红润有光泽。

烹饪秘籍

不同糯米粉吸水状况不同，在揉制过程中，可根据情况适量加减水和面粉的量。

做法步骤

1 红枣洗净，放入温水中浸泡30分钟。

2 泡好的红枣逐颗用剪刀剪开，别剪断，去掉枣核。

3 糯米粉中加入20毫升温水，先用筷子搅拌成絮状。

4 再揉成光滑的糯米团。

5 将糯米团分成小剂子，每个大约3克。

6 将小剂子搓成椭圆形，放入红枣中，让红枣包裹住糯米团。

7 糯米枣放入蒸锅中，水烧开后再蒸10分钟左右即可。

8 白糖和25毫升清水放入锅中，大火煮开，转小火煮2分钟。

9 蒸好的糯米枣放入糖水中滚一圈，即可装盘。

红枣和糯米这两样女生们最爱的食材,结合做出的小零食,颜色鲜艳、口感极佳。男生们,想要讨女生欢心,快来学!

吃不腻的椰子料理

椰子冻

热量值参考： ▓▓ ▓▓▓▓

⌛ 烹饪时间：20 分钟

☖ 难易程度：中

主料

椰子1个 ｜ 牛奶100毫升

椰浆150毫升

配料

白糖10克 ｜ 吉利丁片6克

营养贴士

椰子中含有大量的蛋白质和多种维生素，清凉甘甜，是老少皆宜的食材。

烹饪秘籍

煮好的椰子牛奶汁要多过滤几次，口感会更加丝滑。

做法步骤

1 用菜刀在椰子顶部划一圈，把这部分椰子片削掉。

2 找到椰子的主骨，用刀敲几下。

3 再用刀尖敲一圈，撬开。

4 将里面的椰汁过滤备用。

5 冷水泡好吉利丁片。

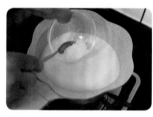

6 锅中加入牛奶、椰汁、椰浆、白糖，小火煮开。

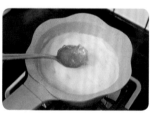

7 加入吉利丁片，再次煮开，放凉备用。

8 冷却的椰汁过滤，倒入椰青中，盖上一层保鲜膜。

9 放入冰箱冷藏至凝固即可食用。

喜欢喝椰汁的朋友不能错过这道料理，口口爽滑的椰子冻，无论是老人还是小朋友都十分喜欢呢！

这是一道可以作为饮品也可以作为甜品的料理,朋友聚会时,不妨露一手,朋友们绝对会赞不绝口,疯狂求做法!

带上它去野餐

肉桂煮啤梨

热量值参考:

⏳ 烹饪时间:20 分钟

🍳 难易程度:中

主料

啤梨1个 | 橙子半个

配料

丁香1个 | 肉桂半根 | 白糖5克
白葡萄酒100毫升

营养贴士

啤梨中含有丰富的维生素,易被人体吸收,对肝脏还有保护作用。

做法步骤

1 啤梨洗净,切成小块;橙子剥下橙皮,切成3厘米细长条。

2 将橙子肉挤出橙子汁备用。

3 锅中加入啤梨、橙子汁、丁香、肉桂、白糖、橙子皮和白葡萄酒。

4 全程小火煮20~30分钟。

5 放凉后即可食用。

烹饪秘籍

具体煮制时间依据梨子的大小来决定。

吃得到的爽滑
鲜奶麻薯

热量值参考：▰▱▱▱▱

⧗ 烹饪时间：20 分钟

⬚ 难易程度：中

主料

牛奶200毫升｜木薯淀粉20克
白砂糖15克

配料

熟黄豆粉适量

营养贴士

牛奶富含钙、维生素D等多种对人体有
益的成分，拥有人体生长发育所需的
全部氨基酸。

🍅 近期最火的甜品？鲜奶麻薯绝对要占有一
席之地！宅在家中的日子，给自己准备一道快
手、简单又软糯的麻薯吧！

烹饪秘籍

冷藏之后的麻薯口感更加软糯有嚼
劲，除了熟黄豆粉，搭配奥利奥碎也
一样好吃！

做法步骤

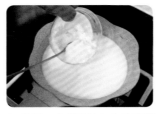

1 牛奶、木薯淀粉与白砂糖倒
入锅里，先搅拌均匀。

2 开中小火，慢慢搅拌至黏稠。

3 搅拌好的麻薯可以倒入碗
中，盖上一层保鲜膜，放入冰
箱冷藏30分钟。

4 将冷藏好的麻薯取出，撒上
熟黄豆粉即可。

酸奶的神仙吃法
炒酸奶

热量值参考：■■■ ░░░ 　　　⧖ 烹饪时间：20 分钟　　　🍲 难易程度：中

主料

酸奶200毫升｜香蕉1根｜草莓3颗

配料

腰果适量｜葡萄干适量
草莓酱2茶匙

营养贴士

酸奶中含有大量的乳酸杆菌，能加快
肠胃蠕动，促进人体排出体内毒素。

烹饪秘籍

水果和果干可以根据自己的喜好添
加，切小粒一点儿，口感会更好。

做法步骤

1　准备一个方形的盘子，提前
放入冰箱冷冻15分钟。

2　香蕉去皮，和草莓切丁备用。

3　腰果和葡萄干切碎备用。

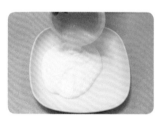

4　将酸奶倒入冷冻好的盘子中。

5　加入香蕉、草莓、腰果、葡
萄干和草莓酱，搅拌均匀。

6　用铲子铺平。

7　放入冰箱冷冻1小时，取出
用铲子铲碎。

8　再冷冻10分钟即可。

炎热的夏日，来一碗拥有冰激凌口感的炒酸奶，既能解暑，又不用担心热量太高会长胖。这种神仙发明，希望多多益善呀！

轻松获得电影院同款美味

黄油爆米花

热量值参考： ▉▉▉▉▉ ☒ 烹饪时间：20 分钟　　🍲 难易程度：中

主料

爆米花专用玉米粒100克

配料

黄油15克｜白砂糖50克

营养贴士

玉米粒中含有黄体素和玉米黄质，能起到抗眼睛老化的功效，是我们护眼的好选择。

烹饪秘籍

如何判断爆米花是否全部爆完？刚开始爆的时候声音最大，慢慢地，声音开始减弱，最后基本听不到声音就可以了。全程保持中小火，以免糊锅。

做法步骤

1 热锅中放入黄油融化，加热至微微冒烟状态。

2 倒入白砂糖和玉米粒，先翻炒均匀，使玉米粒沾上油和糖。

3 盖上锅盖，晃动锅体。

4 全程保持中小火，很快玉米粒就开始爆成爆米花。

5 听声音渐渐减弱至没有后，关火。

6 出锅前再晃动一下锅子，利用余温排出水汽即可。

每次去电影院一定要来杯冰可乐，配上爆米花。其实香甜的爆米花自己在家也可以搞定。而且，味道一点都不差呢！

可以喝的蔬菜

羽衣甘蓝思慕雪

热量值参考：■■ ■■ ■■ 　　　⧗ 烹饪时间：20 分钟　　　🍲 难易程度：中

主料

羽衣甘蓝100克 | 罗勒叶5克
香蕉半根 | 黄瓜半根
纯椰汁200毫升

营养贴士

羽衣甘蓝是公认的健康、减肥食
材。其中维生素C的含量十分丰富，
具有美白、抗衰老的功效。

烹饪秘籍

这款思慕雪没有加任何调味，清爽
健康。如果喜欢吃甜食，可以适当
加入蜂蜜。

做法步骤

1　羽衣甘蓝洗净，切段，控干
水分。

2　香蕉剥皮、切块。

3　黄瓜去皮、切块。

4　将椰汁、羽衣甘蓝、罗勒
叶、香蕉和黄瓜放入搅拌杯中。

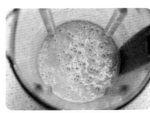

5　搅打均匀即可。

当下快节奏的生活中，人们要追求健康饮食又要省时省事，思慕雪的出现就完美解决了这个问题！

胡萝卜思慕雪

热量值参考：▬▬▬ ▬ ▬   ⧗ 烹饪时间：20 分钟   🍲 难易程度：中

主料

无糖豆奶50毫升｜胡萝卜1根
木瓜30克｜香芹叶5克

配料

蜂蜜1茶匙

营养贴士

胡萝卜中含有的β-胡萝卜素能调节细胞内的平衡，有效改善过敏现象。

烹饪秘籍

如果不使用破壁机，而使用普通小型榨汁机搅打，为保证细腻的口感，应该将胡萝卜切小块，再进行搅打。

做法步骤

1 胡萝卜洗净，去皮，切块。

2 木瓜去皮，切块。

3 香芹叶洗净，控干水分。

4 将无糖豆奶、胡萝卜、木瓜、香芹叶和蜂蜜放入搅拌杯中。

5 搅打均匀，倒入杯中即可。

看似一杯普普通通、平平无奇的胡萝卜汁，里面却另有乾坤。不同的食材融合后，不仅营养全面，还产生了独有的味道，快来感受一下！

🍅 春季的番茄最为好吃，每年的这个时间我都会买好多番茄来研究不同的吃法。这款番茄思慕雪，是我忙碌的工作日最好的选择，一杯就可以满足身体需要。

番茄不只能炒蛋
番茄思慕雪

热量值参考：⬛⬛⬜⬜⬜

⏳ 烹饪时间：20 分钟

🥘 难易程度：中

主料

番茄1个｜柠檬汁10毫升
牛油果1/4个｜橙子1个｜核桃仁10克

配料

蜂蜜1茶匙

营养贴士

番茄中含有大量的维生素C和番茄红素，因此常吃番茄可以帮助清除人体多余的氧化自由基，从而起到抗衰老、美容养颜的作用。

做法步骤

1 番茄洗净，切块。

2 牛油果、橙子去皮，切块。

烹饪秘籍

这里的纯净水也可以换成纯椰汁，口感也十分好。

3 将100毫升纯净水、番茄、牛油果、橙子、核桃仁、柠檬汁和蜂蜜放入搅拌杯中。

4 搅打均匀，倒入杯中即可。

酸甜好滋味
菠菜青瓜思慕雪

热量值参考：

⧖ 烹饪时间：20 分钟

🍴 难易程度：中

主料

菠菜20克｜菠萝20克｜青瓜30克
香蕉半根｜纯椰汁200毫升

营养贴士

菠菜中含有丰富的胡萝卜素、维生素C、维生素E、钙、磷、铁等有益成分，能供给人体多种营养物质。

🌍 菠菜是很容易烹饪的食材，做法也很多样，能帮助我们快速解决一餐，既补充了营养还十分美味呢！

烹饪秘籍

这里的青瓜也可以用哈密瓜、黄瓜来代替。

做法步骤

1 菠菜洗净，去除根部，切段。

2 菠萝、青瓜、香蕉去皮，切块。

3 将椰汁、菠菜、菠萝、青瓜和香蕉放入搅拌杯中。

4 搅打均匀，倒入杯中即可。

沙拉花园　能量果蔬汁　营养辅食轻松做　好喝的粥　减脂轻食

蔬果沙拉　粗粮细做　像营养师一样吃晚餐　像女王一样吃早餐　滋补靓汤　主食沙拉

一煲好汤　一碗好粥　元气素食　低卡饱腹健康餐　多吃蔬菜身体好　沙拉与果蔬汁

轻食沙拉纤体瘦身　24节气养生餐　沙拉与三明治　无烟少油轻食料理　减脂健康餐　诱人的减脂料理

0-3岁宝宝营养辅食全攻略　广式滋补靓汤　0-7岁聪明宝宝餐　给孩子吃的快手营养早餐　0-12岁孩子成长餐　手作健康零食

怀孕期营养食谱　汤汤水水滋养全家　汤水之爱　月子期营养食谱　低盐少糖健康料理　减肥就是好好吃饭　晚餐请吃七分饱

 西餐 轻松做
 懒人下厨房
 烤箱料理
 好吃懒做
 懒人快手营养早餐

懒人下厨房系列

 懒人下面条
 花样烤箱料理 快捷 营养 美味
 懒人健康菜
 烤着吃才香
 烤箱轻食
 懒人快手做的一餐
 午餐 Lunch

 米饭最佳拍档
 米饭爱小炒
 焦烧情书
 好汤好菜
 意面和比萨
 不可一日无肉

家常美食系列

 零失败家常菜
 零失败家常菜
 回家吃饭
 一碗好酱 一桌好菜
 蒸炖煮一本全
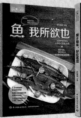 鱼 我所欲也
 原汁原味好吃蒸菜

 清粥小菜
 麻辣鲜香煲噹川菜
 花样主食
 爱吃馅
 野餐&便当
 缤纷饮品

 炒饭炒面
 在家吃火锅
 面包上的100种早餐
 果汁 果酱
 凉菜凉面

图书在版编目（CIP）数据

萨巴厨房. 轻素食/萨巴蒂娜主编. —北京：中国轻工业
出版社，2020.11

ISBN 978-7-5184-3169-4

Ⅰ. ①萨… Ⅱ. ①萨… Ⅲ. ①素菜 – 菜谱 Ⅳ. ① TS972.12

中国版本图书馆 CIP 数据核字（2020）第 168166 号

责任编辑：高惠京　　责任终审：劳国强　　整体设计：锋尚设计
策划编辑：龙志丹　　责任校对：燕　杰　　责任监印：张京华

出版发行：中国轻工业出版社（北京东长安街6号，邮编：100740）

印　　刷：北京博海升彩色印刷有限公司

经　　销：各地新华书店

版　　次：2020年11月第1版第1次印刷

开　　本：710×1000　1/16　印张：12

字　　数：200千字

书　　号：ISBN 978-7-5184-3169-4　定价：49.80元

邮购电话：010-65241695

发行电话：010-85119835　传真：85113293

网　　址：http://www.chlip.com.cn

Email：club@chlip.com.cn

如发现图书残缺请与我社邮购联系调换

200404S1X101ZBW